DVDでわかる!
犬のしつけ&トレーニング

P.E.T.S.行動コンサルテーションズ主宰
水越美奈・監修

西東社

CONTENTS
目次

PART 3 さまざまなシーンに役立つトレーニング 68～89

PART 4 散歩のしつけ 90～107

PART 5 いろいろなモノ・コトに慣らそう 108～119

本書とDVDの特徴

本書では、愛犬と楽しく快適な生活を送ることをテーマに、犬のしつけやトレーニングの進め方を、連続写真、図解、NGなどを組み合わせて解説しています。さらにDVDでは、今まで本でしかわからなかった、トレーニングの細かい動作などが一目でわかるようになっています。しつけの意味やアドバイスを本書で理解して、トレーニングの進め方などをDVDでチェックすることで、より効率よく、楽しみながら愛犬と時間を共有することができるでしょう。

BOOK しつけ・トレーニングの考え方、進め方を写真や図版で解説。

このパートのテーマ

ステップごとに
連続写真で解説

このページのテーマ

DVDへのリンク先が
一目でわかる

NGマークで間違え
やすいところをチェック

詳しい解説とアドバイス

DVD しつけ･トレーニングの方法をDVDでさらに細かく解説。

テーマ別に見やすくまとめてあります。

しつやけトレーニングは、ステップを踏んで
やさしく解説しています。

ポイントマークで大切な部分を
しっかりと確認できます。

「犬のしつけ教室」に参加しているような感覚で
楽しく学べます。

NGマークで注意したいポイントが
一目でわかります。

DVDの使い方

1 メインメニューを表示する

タイトル画面

オープニング映像

DVDをプレイヤーにセットして再生させると、オープニング映像とタイトルのあとにメインメニューが表示されます。「SKIP」ボタンを押すと、オープニング映像を省略することができます。

2 見たいPARTを選ぶ

方向キーで見たいPARTを選ぶ

メインメニューには、収録されている４つのPARTが表示されます。方向キーで見たいPARTを選び（色が変わります）、決定ボタンを押します。すべてを通して見たい場合は「ALL PLAY」を選んでください。

3 見たいテーマを選ぶ

方向キーで見たいテーマを選ぶ

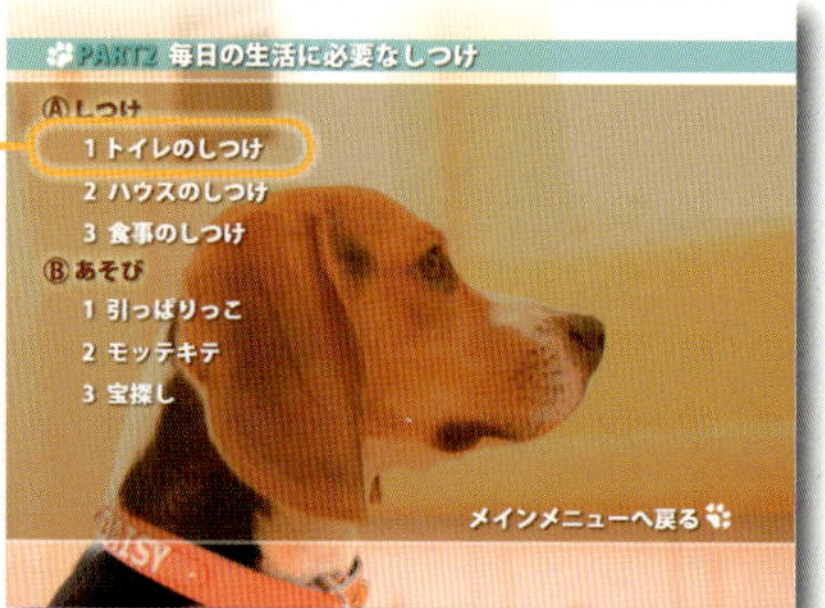

PARTメニューには、収録されているしつけやトレーニングのテーマが表示されます。方向キーで見たいものを選び、決定ボタンを押します。メインメニューに戻りたい場合は「メインメニューへ戻る」を選んでください。

DVD収録メニューの紹介

本書では細かい動きなどがつかみにくい、しつけやトレーニングの進め方をピックアップしてDVDで解説しています。DVDマークがついているページは、ぜひ本書と合わせて活用してください。

PART2

PART3

メインメニュー

PART4

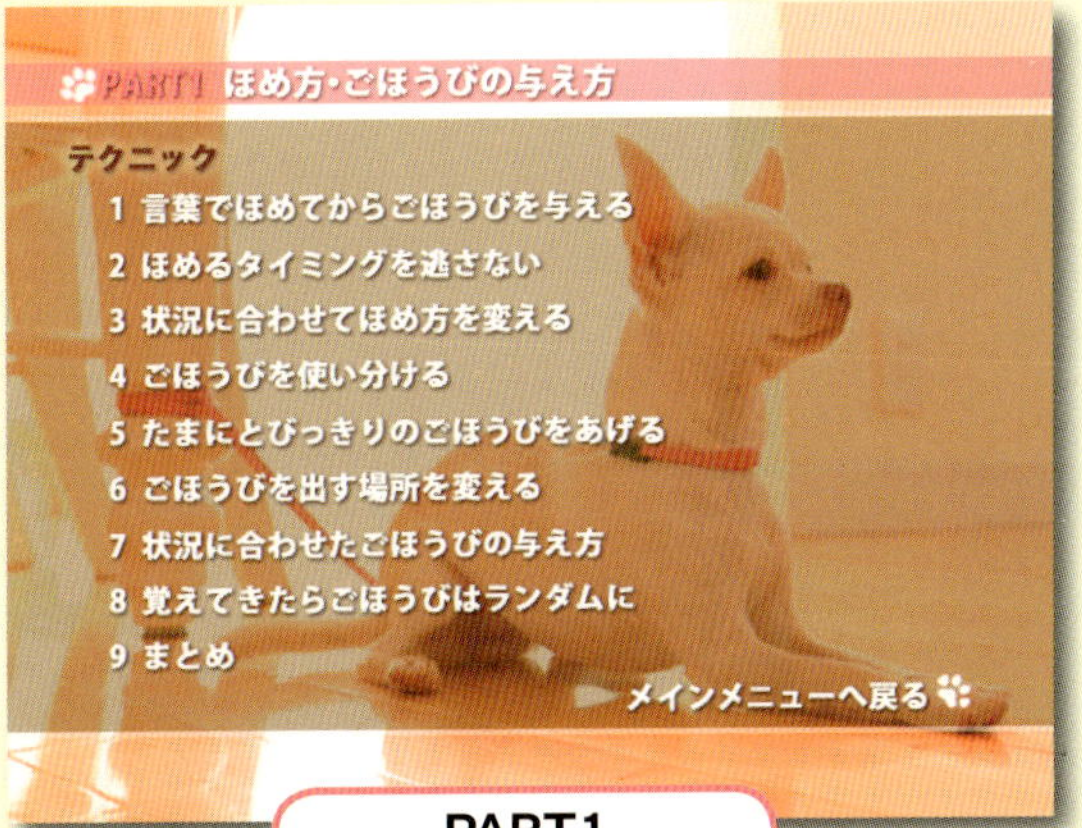

PART1

PART 1

しつけを始める前に

しつけで幸せ生活《ハッピーライフ》を手に入れよう!

犬のしつけとは、犬が人間社会で暮らしていくために必要なルールやマナーを教えることです。犬と人間はもともと全く違う文化を持つ生き物ですから、何も教えないで人間社会に溶け込ませるのは無理な話。幸い犬はかしこく、とても社会性のある動物です。愛情を持ってしつければ、じつにたくさんのことを覚え、人間社会にうまく溶け込んでくれます。

　また、しつけをすることで犬は行動範囲が広がり、楽しみも増え、飼い主を困らせて叱られるようなことも少なくなります。飼い主にとっても、犬のイタズラやそそうに頭を悩ませたりイライラしたりしなくてすむわけです。しつけをすれば日々の暮らしは快適になり、愛犬と楽しい時間をたくさん共有できるでしょう。つまり、しつけとは、犬も人間もお互いに〝トク〟をすることなのです。

Happy
with
My Dog

しつけの基本10か条

しつけの基本

第1条

よい行動をほめて教える

動物には「うれしい（楽しい）ことはくり返す」習性があるので、この習性をうまく利用する。たとえば、来客に対して落ち着いてお迎えができたときにほめたり、おやつをあげることをくり返していれば、「お客さんを落ち着いてお迎えしたらいいことが起こる！」とインプットされ、結果的によい習慣として身についていく。

犬の学習のしくみ

1. ある行動をする

↓

2. その結果いいことが起こる
（ほめられる、食べ物をもらう、遊んでもらうなど）

↓

3. ❶❷をくり返すと、その行動をよくやるようになる

各家庭によって必要なしつけは違う

犬のしつけというと、「難しそう」「たいへんそう」と思う人も多いかもしれません。また、「しっかりやらなくては」と肩に力が入りすぎて失敗してしまうケースもよくあります。

でも、しつけは基本をおさえていれば、そんなに難しくはありません。まして警察犬のような〝優秀な犬〟をつくるのではなく、一緒に暮らすために必要なことを教えるのが、〝家庭犬〟のしつけ。トイレのしつけをしたり、人をかんではいけないことを教えるなど、最低限やるべきことはありますが、何をどこまで教えるかは、各家庭の考え方しだいです。

10～13ページに、しつけの基本的な考え方をまとめました。まずは基本をおさえたうえで、必要なことをひとつひとつ教えていってあげてください。犬と楽しく暮らすことが目的ですから、しつけ自体も楽しく行いたいもの。楽しいしつけなら、犬も喜んでさまざまなことを学んでいけます。

しつけの基本 第2条

「叱るしつけ」は得策ではない

「うれしいことはくり返す」ことと同じように、「嫌なことやつまらないことは避ける」というのも、動物の習性。ならば叱ってしつけるという方法も考えられるが、これはとても難しい方法。「コラッ、ダメでしょ！」と言ったところで犬にはほとんど通じないし、怒鳴ったり、力ずくで従わせる方法も、飼い主との信頼関係を壊すだけ。「どう叱ればいいか」を考えがちだが、「どうしたら犬をほめられるか」を考えてしつけをしよう。

しつけの基本 第3条

叱らずにすむ環境を整える

そもそも困った行動の多くは、飼い主が犬の管理を怠ったり、部屋の環境を整えていなかったために起こることが多い。たとえば大事なものをかじられないように部屋を片づけておくなど、飼い主の配慮で未然に防ぐ努力をすること。

しつけの基本 第4条

〝わが家のルール〟をつくる

家族構成やライフスタイル、犬とどんな暮らしがしたいかによって、何を教えるのか、何をどのレベルまでマスターさせるのかは異なる。まずは家族で話し合って〝わが家のルール〟を決める。子犬の居場所や接し方などの基本的なルールは、子犬が来る前にしっかり決めておくこと。

しつけの基本 第5条

信頼関係を築く

信頼関係は、「この人のそばにいると楽しいし、安心だ」という体験から生まれる。つまり、きちんと食事を与えてくれて、散歩や遊びなどの楽しいことを十分にさせてくれて、危険から守ってくれる…、そんな日々の積み重ねが大事。愛犬を力ずくで支配するのではなく、大きな愛情で包んであげよう。犬が飼い主のことを大好きなら、おのずと言うことも聞いてくれるようになるはず。

しつけの基本

第6条

最初は一貫性が大事。でも覚えたら〝ほどほど〟でも

同じことをしても昨日はよくて今日はダメ、あるいはお父さんは許してくれるけどお母さんは許してくれない…。こういうあいまいな態度は混乱の元なので、犬がルールを覚えるまでは例外をつくらないほうがいい。でも犬がルールを覚え、飼い主としっかりした信頼関係を築けたら、〝ある程度一貫している〟ぐらいの感覚でもOK。ルールを守ることに固執するより、その場の状況に合わせて対応していこう。

しつけの基本

第7条

子犬のころからいろいろな経験をさせる

子犬の成長過程において、社会性を身につけることは重要なこと。子犬のうちにいろいろなものを見たり聞いたり、ふれたりして、さまざまなモノ・コトに慣らしておきたい（⬇P92、PART5）。

しつけの基本

第8条

教える項目に優先順位をつける

一度にあれもこれもと欲ばらずに、優先順位を決めて教える。「スワレ」や「マテ」などの指示語は、成犬になってからトレーニングしても覚えられるが、日常生活のマナーや社会化については、早めにトレーニングを始める必要がある。

しつけの基本

第9条

愛犬の個性を尊重する

ものを覚えるスピードは、犬によって違う。ほかの犬と比べて愛犬をバカにするような態度をとったり、あせったりしないこと。その犬の性格や犬種としての特徴を踏まえてしつけを行うこと。

しつけの基本 第10条

飼い主が主導権・決定権を持つ

犬といい関係を築きながら、不都合なく暮らしていくためには、愛犬に楽しみを与えながらも、「飼い主が主導権を持つ」ことがポイントになる。たとえば「散歩に連れていって〜」「遊んで〜」といった誘いをつねに受け入れていると、犬は飼い主は何でも言うことを聞くと考えるようになる場合も。だから何かを始めたり終わらせたりするのは、原則として飼い主から。

犬の遊びの誘いに応じたいときなどは、犬に「スワレ」など何かできることをさせ、飼い主のリクエストに応えたごほうびとして遊んであげるようにする。ただし、これがお約束になってはダメ。指示する内容は適度に変え、ときにはリクエストなしで望みを叶えるというフェイントがあってもよい。こういう接し方をしていると犬は「どうすれば楽しいことをしてくれるんだろう?」と自分なりに考えるようになる。

しつけに上下関係は関係ありません

従来は、「飼い主は犬のリーダーにならなければならない」「上下関係をはっきりさせることが大事」などといわれ、服従させることが正しいしつけだとされてきました。これは、犬の祖先であるオオカミが、リーダーを頂点とする階級社会を形成していることから普及した考え方でした。

しかし犬はオオカミから進化した動物ですが、オオカミではありません。そもそも犬が、異種である人間を群れのメンバーと認識すること自体、考えにくいこと。犬は、社会性が発達しているため、異種である人間とも共存できるのだと考えられます。

犬が順位づけをするというのも、あくまで犬同士の話。犬は人をよく観察して、家族のひとりひとりと関係をつくります。「信頼できて、かつわかりやすい人」の言うことはよく聞きますし、そうじゃなければ聞かない…。言うことを聞く・聞かないは、上下関係の問題ではないのです。

ほめ方・ごほうびの与え方

テクニック 1

言葉でほめてからごほうびを与える

犬は最初から「いいコ」などの言葉をほめ言葉として理解しているわけではないので、まずは「ほめ言葉のあとにいいことがある」とインプットさせる。こうすることで「いいコ」などの言葉を、「いいことが起こる合図」として認識するようになり、その言葉を聞くだけでうれしくなっていく。

ほめる

ごほうびを与える

まずはほめ言葉を理解させる

効果的にほめることで、犬はさまざまなことを覚えます。でも、ほめると言っても、人間の言葉がわからない犬にとって、ある日突然「いいコだねぇ」と言われたところでなんのことだかわかりません。まずは犬に「ほめ言葉はいいことである」と認識させる必要があります。

そこで用いるのが、食べ物などのごほうび。ほめ言葉のあとに毎回ごほうびを与えていると、「ほめ言葉＝いいことが起こる合図」とパターンを覚え、やがて犬はほめ言葉を聞くだけでうれしくなっていきます。

また、ごほうびは食べ物だけではありません。お気に入りのおもちゃや、なでられること、飼い主と遊ぶことなど、犬が喜ぶものなら何でもごほうびになります。日頃から愛犬をよく観察し、愛犬にとってのごほうびをたくさん見つけておくと、しつけに非常に役立ちます。

テクニック

2 ほめるタイミングを逃さない

あとでほめても、犬は何をほめられたのか理解できないので、行動をしている最中か直後にほめる。

テクニック

3 状況に合わせてほめ方を変える

おとなしく座っていることをほめる場合、飼い主が大声でほめると、犬が興奮して立ち上がってしまうこともある。この場合はやさしく声をかけたり、ニコッとほほえむ程度でOK。逆に犬のテンションをあげたいときには、大きな声やオーバーアクションでほめてあげるといい。

おとなしくしていることをほめるとき

犬のテンションをあげたいとき

ごほうびのいろいろ

- おやつ
- ドッグフード
- おもちゃ
- なでられること
- 飼い主と遊ぶこと
- ほかの犬と遊ぶこと
- においをかぐこと
- 抱っこ
- 散歩 など

一般にごほうびに使うのは食べ物だが、それはほとんどの犬が大好きなものだから。遊ぶことが大好きな犬なら、それをごほうびにしてもいいでしょう。ただ、ごほうびのつもりで体をなでても、日常的になでられている犬なら特別うれしくない場合も。愛犬をよく観察して、本当に喜ぶものを見極め、リストアップしておきましょう。

テクニック 4

ごほうびを使い分ける

同じ食べ物やおもちゃのごほうびでも、愛犬がとくに好きなもの、まあまあ好きなものなど、ランクがあるはず。これを把握しておき、難しいことに挑戦するときは愛犬がとくに好きなもの、ほとんど覚えていることにはまあまあ好きなものといったように、難易度に応じてごほうびを使い分けよう。

テクニック 5

たまにとびっきりのごほうびをあげる

犬のやる気を引き出すという意味では、ときには予想外のビッグなごほうびを与えるのも効果的な方法。よくできたときに、いつもの5倍のおやつをあげたり、あるいはそれほど難しくないトレーニングでも本来なら難易度の高いことで使うおやつをあげるなど。犬はがぜんやる気が出て、学習効果もアップするはず。

テクニック 6

ごほうびを出す場所を変える

たとえばいつも右ポケットから出していると、犬は右ポケットばかり気にするようになり、そこにごほうびがないとわかると指示を聞かないということも。ごほうびの出所を先読みされないように、ある程度覚えてきたら左ポケットから出したり、棚の上の密閉容器から出したりと、バリエーションをつけよう。

右のバッグのごほうびから

胸ポケットから

左のバッグのごほうびから

テーブルや棚から

テクニック 7

状況に合わせたごほうびの与え方

ごほうびとして1回に与える量は、大型犬の場合は人間の小指の爪の大きさ、中型犬はその半分、小型犬はさらにその半分が目安。また、同じ状態をキープさせたいときなどは、大きめのごほうびを握りこんで少しずつ与えるといい。なお、ごほうびとしてのフードやおやつも、1日に必要なカロリー量の中に含めて与えること。

基本の与え方

見えないようにグーで握ったフードを、そっと開いてパーで与える。指でつまんで与えると奪い取ることを覚えてしまうことがある。

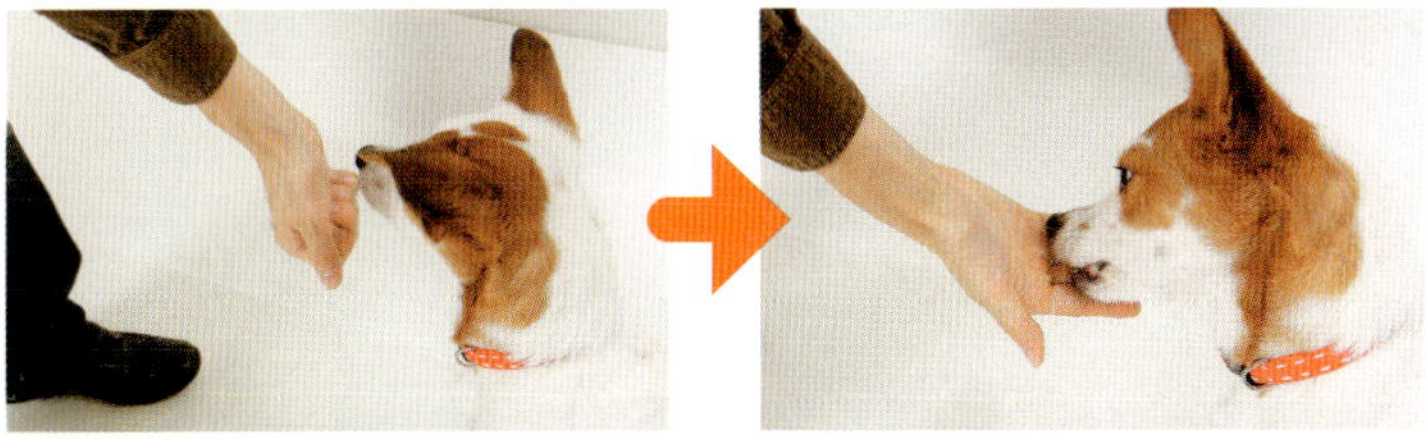

同じ状態をキープしたいとき

少し大きめのフードを握りこんで、はみ出ている部分をなめさせる。ガムなどを少しずつかじらせてもOK。

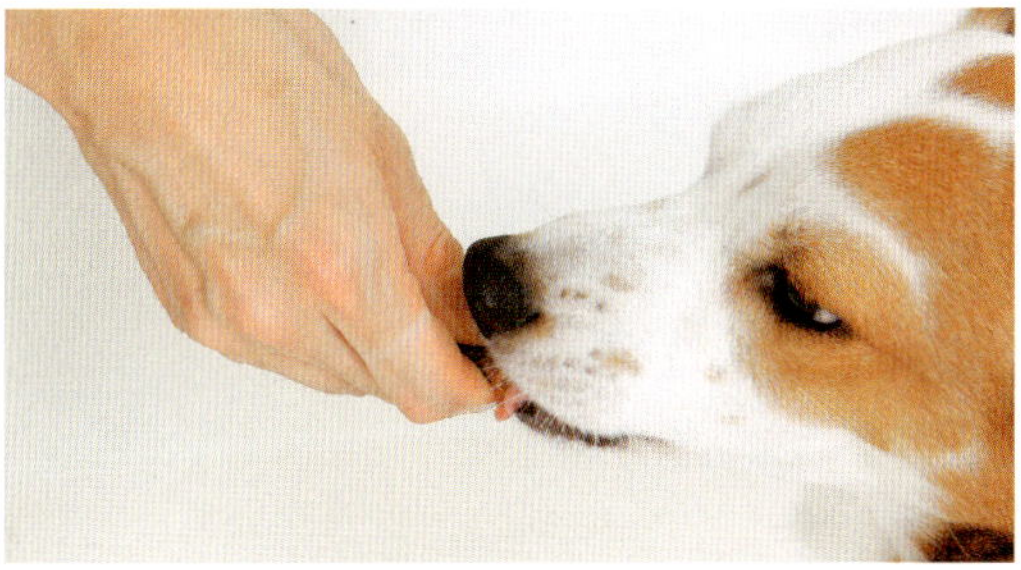

テクニック 8

覚えてきたらごほうびはランダムに

最初は食べ物などのごほうびを使っても、最終的にはごほうびなしでできる状態にしたい。でも一気にごほうびをなくしたり、2回に1回、3回に1回…と規則的に減らしていくと、「次はもらえないんだ…」と犬はやる気をなくしてしまう。ごほうびを減らすときは、2回に1回、4回に1回、3回に1回…と、パターンを覚えないようにランダムにしていくのがコツ。もらえたり、もらえなかったり、先が読めない状態、つまりギャンブル性を持たせることで犬のやる気を持続できる。

なお、食べ物などのごほうびをなくしても、ほめ言葉やアイコンタクト、なでるなど、何かしらの方法で〝ほめる（＝評価する）〟ことを忘れずに。ほめられなくなると、犬は自分の行動に自信が持てなくなり、せっかく覚えた〝よい行動〟をやめてしまうことも。よい行動をほめることは、生涯続けること。

叱らないほうがいい これだけの理由

“困った行動”にはどう対処すればいい？

1
その場の行動をやめさせることができても、叱るだけでは「望ましい行動」を教えられない

2
叱られた環境以外では効果がない。別の場所や、ほかの人がいる場所では同じ行動をくり返す

3
「どうせ何をやっても叱られる」と、犬が無気力になることもある

4
しつこく叱ると逆ギレをしたり、ものに当たるようになる犬もいる

5
信頼関係が築けない

6
叱られても、むしろ「声をかけてもらってうれしい！」と思う犬もいる

7
犬が叱られることに慣れてしまい、しだいに効果がうすれてくる

8
飼い主も叱ることに慣れてしまい、何でもすぐに叱るようになる

9
叱られる犬も叱る飼い主も、お互いにストレスがたまる

飼い主の配慮で「困った行動」を未然に防止

愛犬がゴミ箱をあさっていたり、しつこく吠えたり…。そんな場面ではつい、犬を叱りたくなるかもしれません。でも効果的に叱ることは難しいですし、マイナス面がたくさんあります。

もし愛犬が、困った行動をとったときには、左ページのように徹底的に無視をしたり、「天罰」と呼ばれる方法で対処しましょう。とはいえ、これらの方法も使う機会は少なくしたいものです。

たとえるなら犬は、日本の文化も言葉も知らない外国人の子どものようなもの。そういう相手と暮らしたら、あなたはその子どもから目を離さないでしょうし、トラブルの元になりそうなものはしまっておくはずです。

犬に対しても同じように接してください。「テーブルの上に食べ物を置きっぱなしにしない」、「ゴミ箱にふたをしておく」など、飼い主のきめ細かい配慮が、トラブルを予防する最大の秘訣です。

「困った行動」の対処法

方法1 無視する

かまってほしくて吠えたり、飛びついたり、飼い主に向かって何かをアピールしているときは、徹底的に無視して相手にしない。つまり、吠えても飛びついても要求が通らないことを犬に教える。無視をすると一時的に行動が悪化することもあるが、そこであきらめないで続ければ徐々に改善される。

無視とは、①声をかけない、②さわらない、③目を合わせない、の3つを同時にすること。

なかなか興奮がおさまらない状況なら、部屋から出ていってしまおう。

方法2 天罰

「無視」は、スリッパをかじるなど、犬がその行動自体を楽しんでいるときや、ほかの人や犬に吠えるときには使えない。こういうケースで有効なのは「天罰」。天罰とは、犬にばれないように大きい音や声を出して驚かせ、やめさせる方法。だれがやったかばれると、その人を怖がるようになったり、その人のいないところで同じことをしたりするので十分に気をつけること。

音を出す方法は、空き缶を床に投げる、机を叩く、手を叩くなどさまざま。また、声を出すときは長いフレーズだとだれが言ったか声でばれるので、「あっ！」「わっ！」など短い言葉が効果的。

家具などに犬が嫌いな味をつけておき、イタズラを予防するのも一種の天罰。

NG こんな対処の仕方はまちがい！

体罰を加えるなど力ずくでおさえるのは論外。また、マズル（鼻先）をつかんで叱る、仰向けにして押さえつけるなど、よくいわれる“叱り方”もまちがい。瞬間的にはおとなしくなるかもしれないが、犬はいじめられたと感じるだけ。これでは信頼関係を築くことはできない。

おさえておきたい犬の5大欲求

犬の欲求

1 快適な生活空間がほしい

犬にとって過ごしやすい温度や湿度、自由に動けるスペース、清潔な空間など、快適な住環境を提供することは大切。騒音にも気を配ってあげよう。また、ハウス（➡P24）を用意し、安心できる自分だけの空間も与えて。

犬の欲求

2 かじりたい

「かじりたい!」という気持ちは、犬にとってとても強い欲求。とくに子犬の場合は好奇心が強く、また歯の生え変わり時期のムズムズ感もあるため、この欲求がより強い。かんでもいいおもちゃを（➡P52）十分に与えること。

欲求を満たしてあげることが問題行動の予防に

しつけをすることは犬の幸せにつながりますが、その前提として、犬が本来持っている欲求を十分に満たしてあげることが非常に大切です。

欲求が満たされている犬は、ストレスを感じることも少なく、のびのびと生活すれば問題行動に発展することも少ないはずです。逆に言えば、何か問題行動が起きたときには、十分に欲求を満たしてやることで解決する場合もあります。

ここにあげた5つの欲求は、犬にとって重要なものばかりです。毎日の食事と健康、安全を確保するという基本的な世話のほかに、これらの欲求を十分満たしてあげるようにしましょう。「あれもダメ」「これもダメ」と犬に禁止事項だけをおしつけるのはフェアではありません。人間の都合を聞いてもらう前に、まずは犬が犬らしく豊かな生活を送れるよう、できるかぎりのことをしてあげましょう。

犬の欲求

3 においをかぎたい

においでさまざまな情報を得ている犬にとって、においかぎは仕事であり、楽しみのひとつ。散歩のときには、においをかがせる時間も十分に与えて。

犬の欲求

4 人や犬とかかわりを持ちたい

犬は、ほかの犬や人とかかわりながら生活したいと望んでいる動物。声をかけたり、ふれたり、遊んだり、たっぷりコミュニケーションをとることが大事。ただし、ほかの人や犬を苦手としている犬には、無理して接触させる必要はない。

犬の欲求

5 エネルギーを発散したい

ほとんどの犬はもともとは作業犬。思いっきり体を動かしたいと思っているので、運動する機会を十分に与えてあげよう。また、頭を使う遊びをすることも大切。体と頭をバランスよく使うことが、健全な成長を促す。

子犬のための環境づくり

環境を整えて事故やイタズラの予防を

犬は気になるものはすぐにかじったり、なめたりします。まずは、犬の目線になって部屋を見渡し、危険なものや、イタズラされて困るものは片づけましょう。

また、子犬を管理するためにハウスを用意してください。犬から目を離すときにハウスに入れておけば、イタズラや事故、そそうなどを防ぐことができます。

「狭いところに閉じ込めるなんてかわいそう」と思う人もいるかもしれませんが、もともと狭い巣穴で生活していた犬にとって、短時間なら狭く囲われた空間でもリラックス可能。犬にとっても眠ったり、休憩する場所として、ハウスという自分だけの空間は必要なのです。

ドアの安全を確保

ドアが急に閉まり、シッポなどを挟んでしまうことがあるので、開けっ放しのドアにはストッパーをつける。また、入れたくない部屋のドアは閉めておくこと。

階段にはすべり止めを

足腰に負担がかかるので、階段を犬が勝手に昇降しないようにするのが無難。通らせる場合はすべり止めマットを敷くのがベスト。

危険なものは片づける

犬の目線になって部屋を見渡し、危険なものがないか確認を。子犬が飲み込みそうな小さなもの、タバコ、薬品などの危険なものは、犬が届かない場所に片づける。動かせない家具などには、市販のかみつき防止剤（→P27）を塗っておこう。

危険ゾーンに柵を設置

台所や階段などの入ってほしくないスペースには柵を取り付ける。

室温に気を配る

ほとんどの場合、人間が快適な温度であれば犬も快適。ただし、犬は背が低いので体感温度に差が出ることも。愛犬の背丈に合わせて室温や風向きをチェックしよう。

換気は十分に

犬を飼うと部屋ににおいがこもりがち。窓を開けたり、空気清浄機などを置いて対策を。

トイレを設置

排泄しそうになったらすぐに連れていけるように、ハウスの近くに置く。トイレを完全に覚えたら少しずつお風呂場などに移動してもOK。

ハウスを設置

室内で飼う場合もハウスは必要。日当たり、風通しがよく、家族の目が行き届くリビングのすみなどが最適。人通りの多い入り口近く、エアコンの真下、直射日光の当たる場所は避ける。

電気コード、コンセントの対策

かじったり、オシッコをかけたりして、感電や漏電事故につながることも。家具の後ろに通したり、コンセントカバーを使って目立たないように工夫を。

すべりにくい床に

すべりやすいフローリングには市販のすべり止め剤を塗るか、短毛のカーペットやコルクなどクッション性のあるものを敷く。

ハウスの選び方・つくり方

形状 shape

犬は巣穴のような狭くて薄暗い場所が落ち着くので、囲われた空間を用意。移動用キャリーとしても使えるクレートや、折りたたみ可能なケージを使うのがベター。ケージを利用する場合は、カバーをかけて中を薄暗くしてあげるとよい。

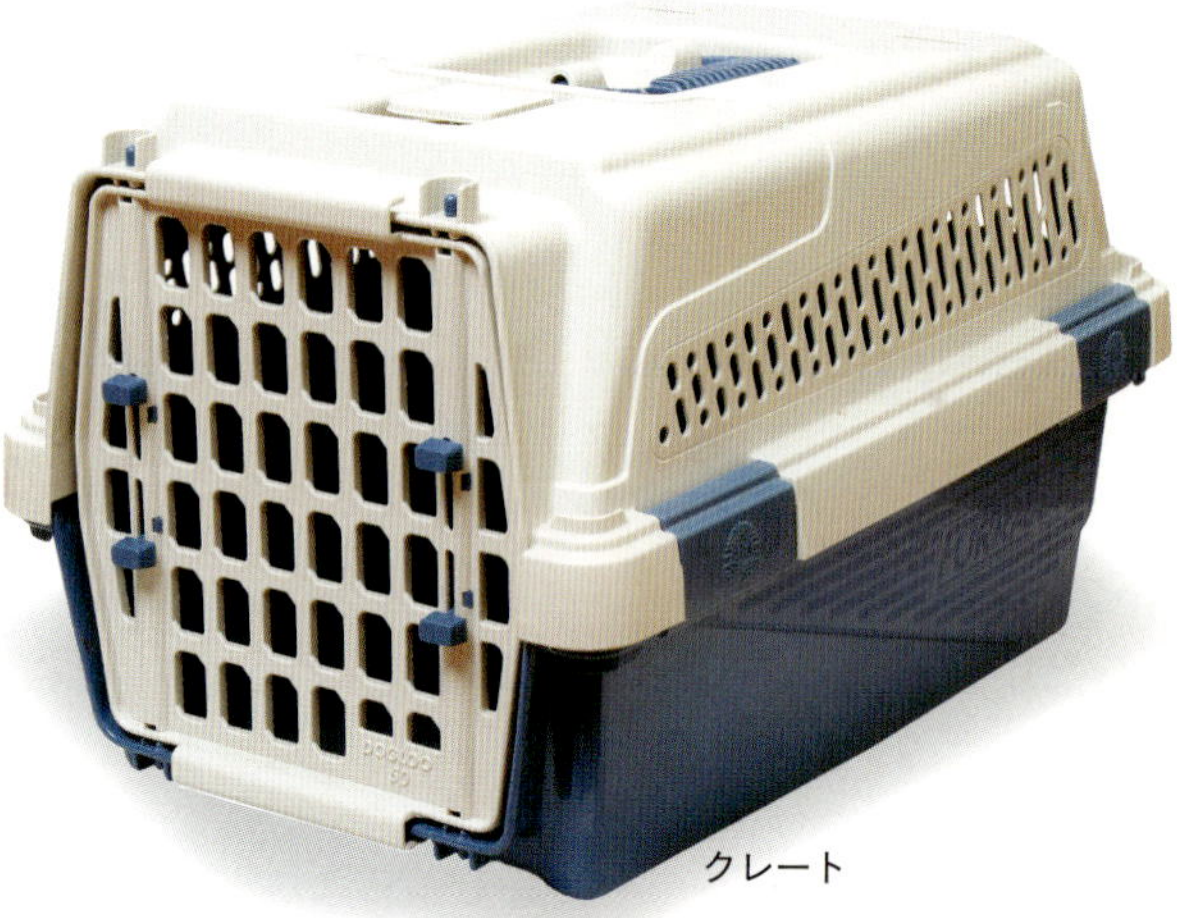

クレート

ケージ

サイズ size

狭すぎず、広すぎず、立ってちょうどいい高さで、中でフセができるくらいがベスト。大きすぎるハウスを購入した場合は、箱やクッションなどを入れて調節を。

居心地 comfort

毛布などを入れて寝心地をよくし、退屈防止のためにかじるおもちゃも入れておく。また犬の高さになって、温度や風通しなど、設置場所を確認しよう。

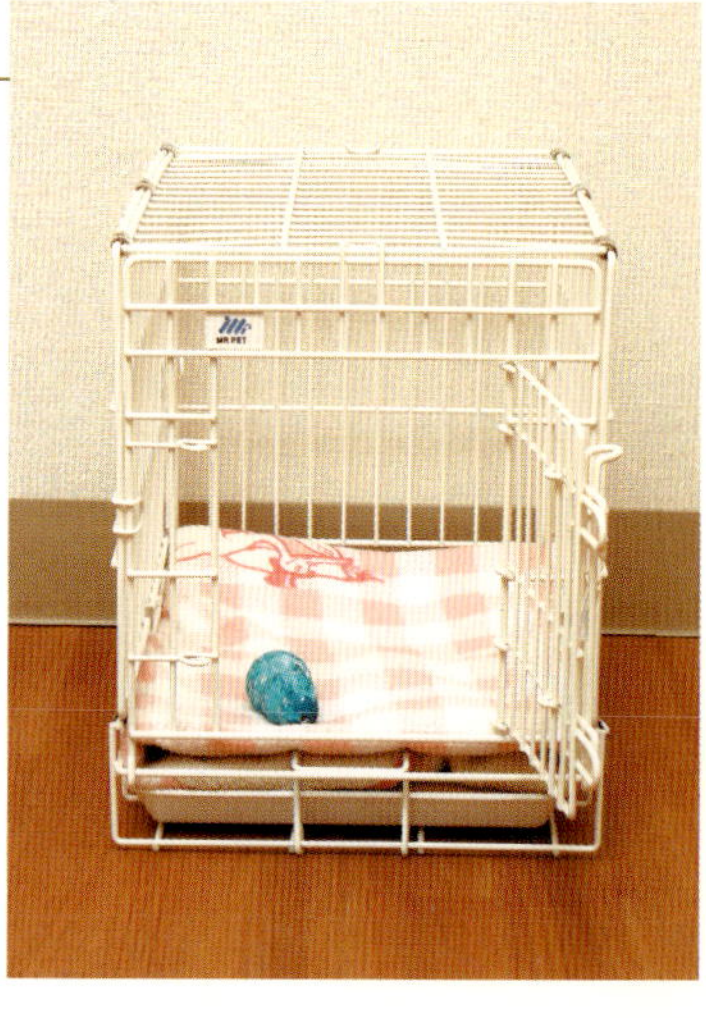

状況に応じて子犬の居場所を変えよう

だれかが子犬を見ていられる場合

ハウスとトイレは別々に用意。トイレは、ハウスの横など、すぐに連れていける場所に置くとよい。基本的にはハウスの扉は開けておき、子犬が自由に出入りできるようにしておく。

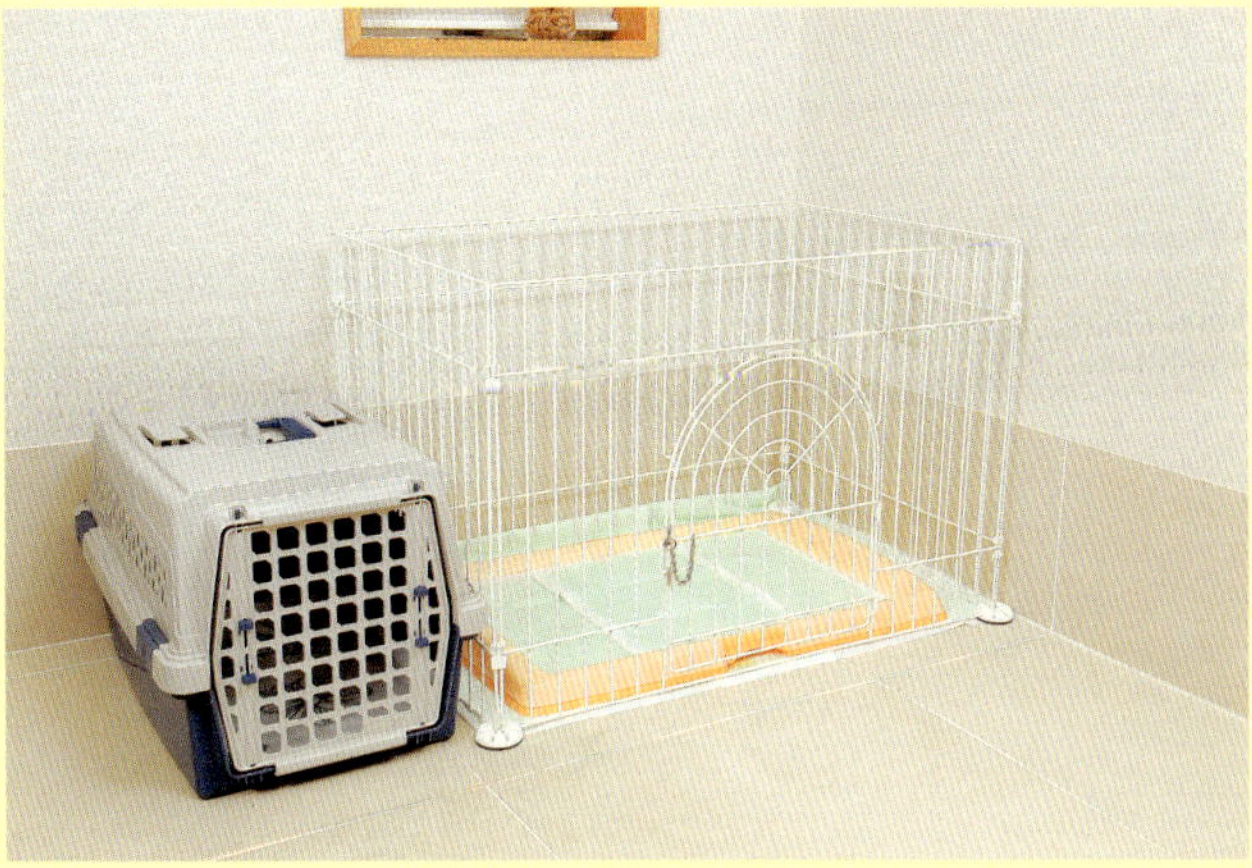

目を離す場合

目を離すときは、短時間でも子犬をハウスに入れ、扉を閉める。ハウスの中には、子犬が退屈しないようにかじるおもちゃを入れておく。また、ハウスを使わずにリードで管理する方法も。犬にリードをつけ、それをテーブルの脚につけて管理したり、自分自身の腰にリードを巻きつけて、移動のたびに連れて歩いてもかまわない。要は、子犬の行動を管理できればOK。

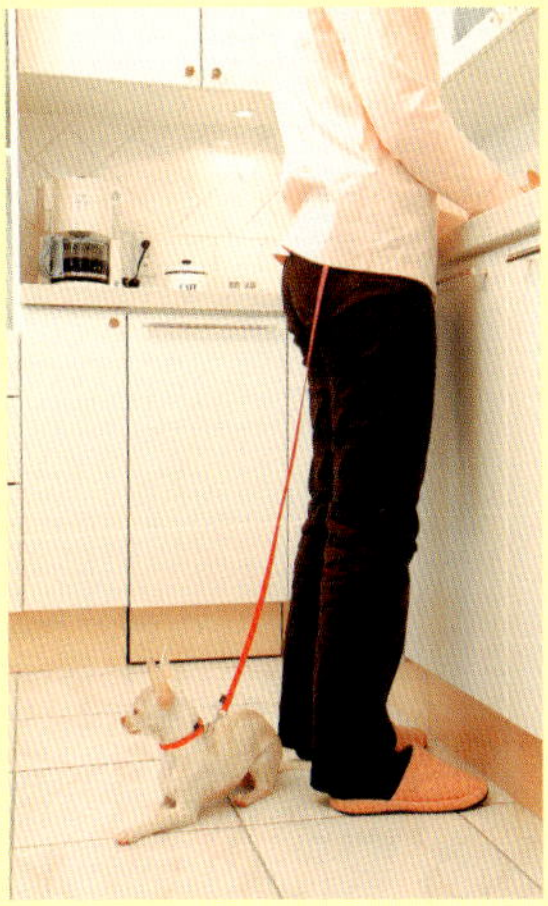

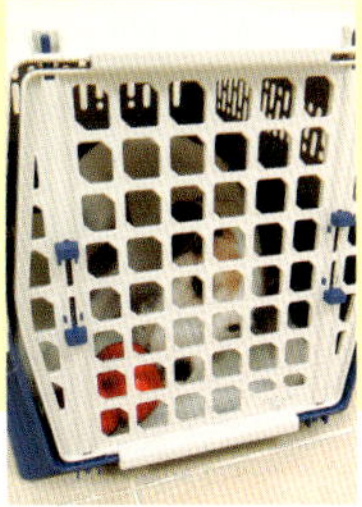

長時間の留守番の場合

広めのサークルの中にハウスとトイレ、遊び場を設ける。サークルとハウスを連結させてもOK。目安として、3時間以上目を離す場合には、サークルを活用しよう。ただし排泄の間隔が3時間より短い場合は、ハウスに入れておけるのは排泄をがまんできる時間まで。なお、フリーで留守番させるのは、しつけができてからにする（➡P50）。

子犬のためのグッズ①

初日から用意しておきたいもの

ハウス

子犬の個室兼ベッドとなるもの。写真のプラスチック製のもののほかスチール製のものなどもある。

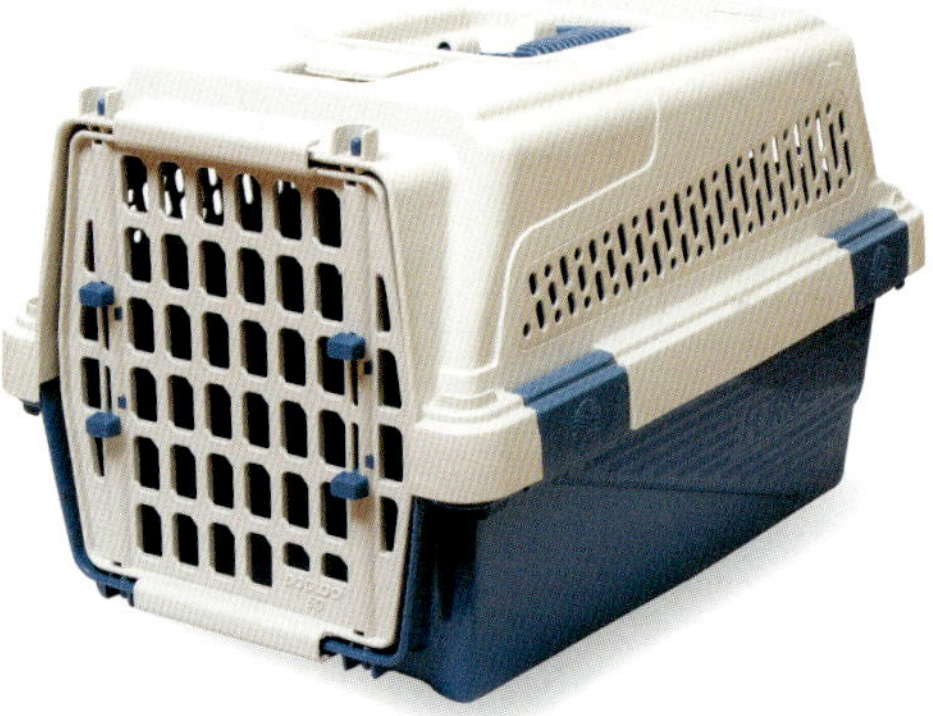

サークル

留守番のときの子犬のスペースや、トイレの囲いとして使う。大きくなるとフェンスを飛び越えてしまうので、十分高さのあるものか屋根つきのものを選ぶ。

トイレ

市販されているペット用のトイレシーツを利用するのがおすすめ。シーツをかじって遊んだり、排泄の際にずれてしまうなら、シーツを固定できるトイレトレーも用意しよう。トレーの大きさは、そのうえで子犬がひと回りできる大きさを選ぶ。

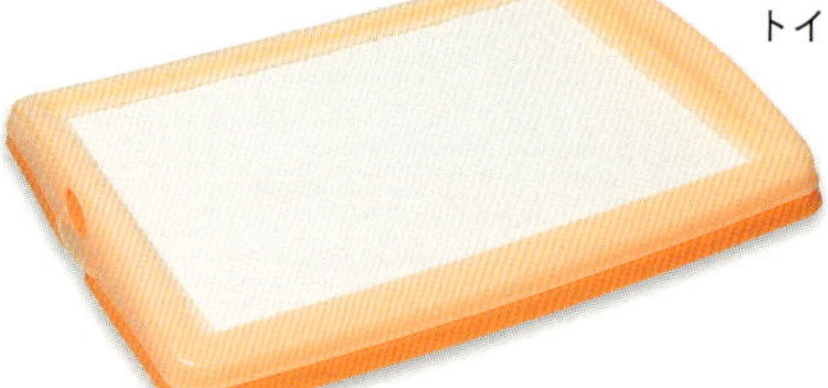

トイレトレー

トイレシーツ

消臭剤

トイレットペーパー

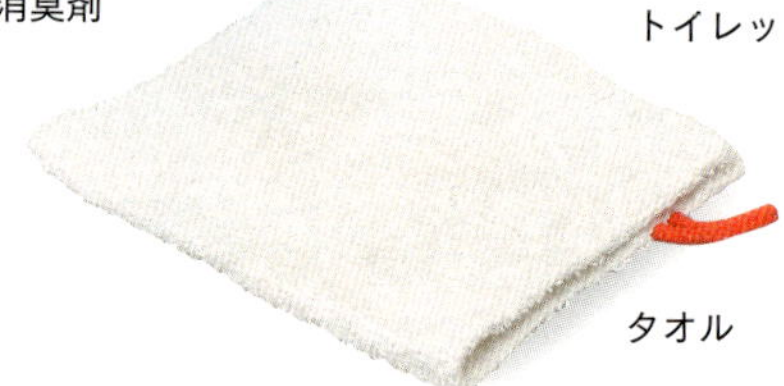

タオル

そうじグッズ

子犬はそそうをしやすいので、古いタオルなどをたくさん用意しておく。きれいなタオル、 ティッシュ、消臭剤なども手の届くところに用意。

食器

食器をひっくり返して遊ぶこともあるので、安定感があり、ある程度重さのあるものがよい。ステンレスや陶器製がおすすめ。

フード

来た当初は、それまでブリーダーのところやペットショップなどで食べていたものを与える。前もって聞いておこう。

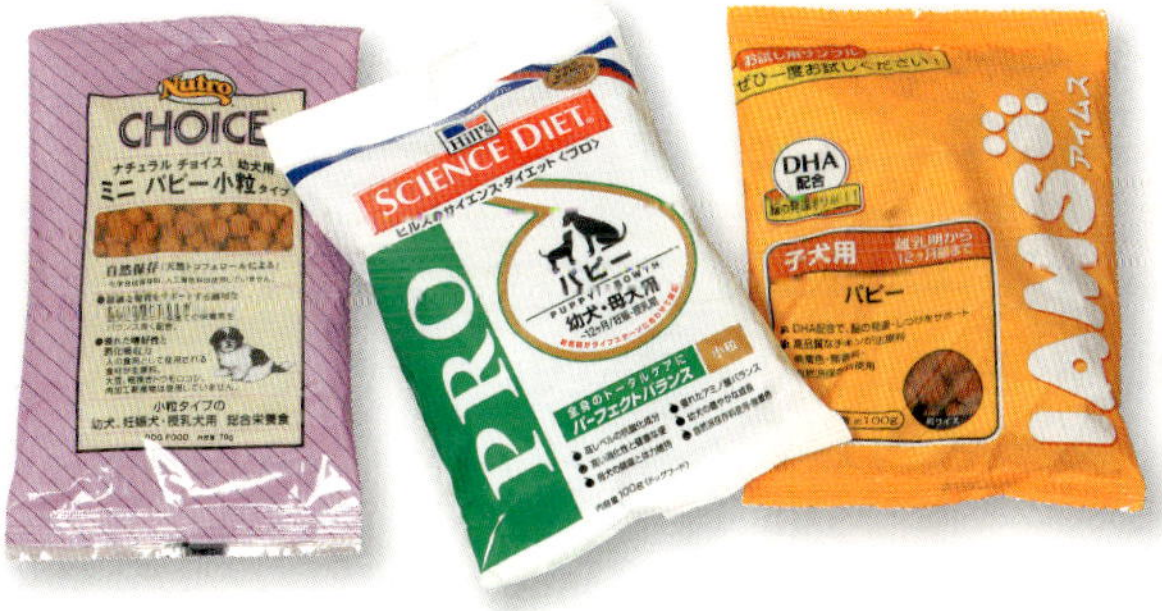

かみつき防止剤

犬が嫌いな苦味成分が入ったグッズ。かんでほしくないものにつけておく。

消臭剤

においがしみつきやすいところは、まめに消臭し、そそうのあともすぐに消臭を。なお、消臭剤は犬がなめても安全なものを選ぶ。

おもちゃ

ただ遊ぶための道具としてではなく、ストレスの発散やしつけにおおいに役立つ。ボールやぬいぐるみなど家族と一緒に遊ぶ「コミュニケーション用おもちゃ」と、かじったりして遊ぶ「ひとり遊び用おもちゃ」を用意。

●ひとり遊び用

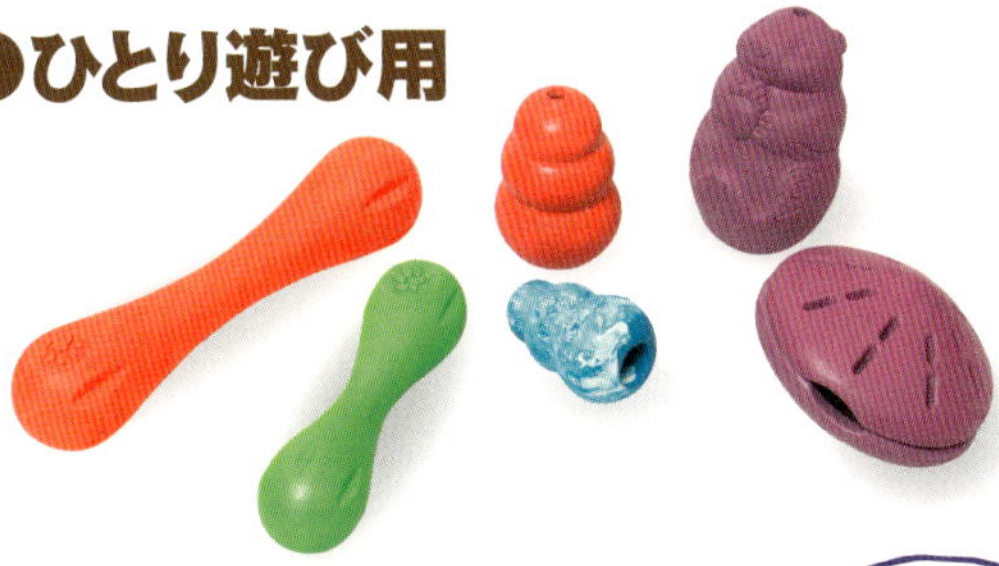

●コミュニケーション用

子犬のためのグッズ②

徐々にそろえていくもの

おやつ

基本的にはトレーニングのごほうびとして使う。犬によって好みが違うが、レバーやチーズなどにおいの強いものが好まれる。

レバー

チーズ

ビスケット

ジャーキー

お手入れグッズ

本格的にお手入れを始める前に、道具に慣らしておく(➡P116)。

ブラシ

コーム

ラバーブラシ

スリッカーブラシ

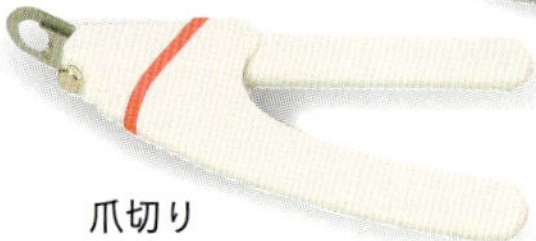
爪切り

首輪・リード

散歩のほか、トレーニングや子犬の行動管理をする際に使う。最初は軽い布製かナイロン製がおすすめ。また、ベルトタイプは装着に時間がかかるので、慣れないうちはプラスチックの留め具で装着するタイプがよい。首輪には必ず迷子札もつける。

首輪の種類

普通の首輪

基本的にはこのタイプがあればOK。

ハーフチョーク

通常はゆったり、リードを引くと首回りピッタリになる。抜けにくい構造なので、首の太さと頭の大きさに差がない犬種(パグやシェットランド・シープドッグなど)におすすめ。

チョークカラー

トレーニング用の首輪。正しい使い方をしないと首を締めてしまうので、一般の飼い主にはおすすめしない。

胴輪(ハーネス)

犬の体に負担をかけないつくりなので、超小型犬や老犬におすすめ。使い方によってひっぱりグセの防止にもなる(➡P103)。

子犬のためのグッズ③

あると便利なグッズ

赤ちゃんグッズ

子犬の事故・イタズラ防止には、コンセントカバーやドアストッパーなど、人間の赤ちゃん用に市販されているグッズが役立つ。

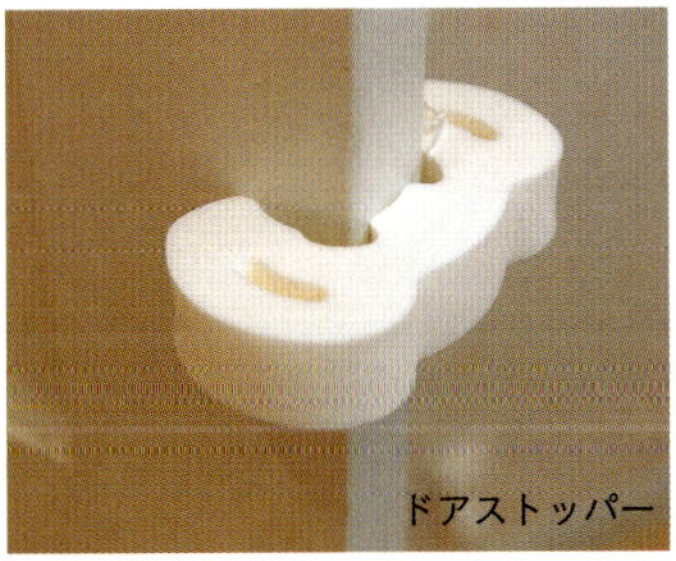

ドアストッパー

コンセントカバー

ゲート

台所や階段など、犬の進入を防ぎたいところに設置する。

移動用キャリーバッグ／抱っこバッグ

お出かけにはクレートを利用してもいいが、小型犬や子犬には軽くて小回りがきくバッグタイプが便利。キャリーバッグよりもさらに軽くて手軽な抱っこバッグは、子犬の抱っこ散歩などに最適。大型犬の子犬など、抱っこするにはやや大きい犬にも使える。

キャリーバッグ

抱っこバッグ

PART 2

毎日の生活に必要なしつけ

犬にとっても人間にとっても快適な暮らしを手に入れよう

かつて犬といえば、外で飼うのがふつうでした。でも昨今は「家族の一員」として、室内で一緒に暮らすケースが増えています。

犬はもともと「仲間と一緒にいたい」動物ですから、家族と同じ空間で暮らすことは、とても幸せなこと。人間にとってもかわいい愛犬と過ごす時間は多いほど幸せでしょう。

しかし、犬と人間は文化の異なる生き物。あなたの家にやってきた子犬は、部屋のあちこちにオシッコをしたり、家具をかじってしまうかもしれません。けれども犬にはもともと排泄を一か所でする習慣はなく、気になるものがあれば口に入れてみるのも彼らの習性です。

しつけとは、こうした「文化」の違いを埋めていく作業ともいえます。「あれもダメ、これもダメ」と一方的に禁止するだけではうまくいきません。快適な暮らしを手に入れるために、犬の習性をよく理解し、犬にとってストレスの少ない方法で、しつけをしていきましょう。

子犬を迎えたら、まずやるべきこと

しつけは初日から。トイレトレーニングは必須

しつけは、子犬がやってきたその日から始めます。といっても難しく考えなくてOK。しつけというより「お世話」の延長といったほうが近いでしょう。初日からやるべきことは、何といってもトイレトレーニング。そして事故やイタズラを予防するために子犬の行動をしっかり管理することです。

そのほか、子犬が来たらすぐに始めたいことは左に示したとおり。本格的にしつけを始める前に、子犬に家に慣れてもらい、家族を好きになってもらうことがまずは重要です。元気な子犬なら初日からどんどん遊んであげるようにしましょう。

もし子犬が緊張してじっと動かないようなら、ハウスに入れ、しばらくそっとしておいてください。そのうち緊張もほぐれ自分から出てくるときがくるはずです。子犬が出てきたら、おもちゃで反応を見たり、ドッグフードを1粒手から与えたり、驚かさないように少しずつコミュニケーションをとっていきましょう。

しつけでつまずかないために すぐにやること リスト

トイレトレーニングをする

子犬がやって来たら、まずはトイレへ連れていく。初日から正しい場所で排泄させ、その後も失敗させないことがトイレを教えるコツ(➡P36)。

子犬の行動管理をする

“困った”は、飼い主の配慮で未然に防ぐことが第一。イタズラや事故、そそうなどの予防のためにしっかり子犬の行動管理を。また、最初のうちは子犬の行動範囲をトイレを設置した部屋(リビングなど)に限定し、トイレのしつけができたら、少しずつ行動範囲を広げていくようにする。

子犬の生活リズムを観察する

子犬をよく観察し、トイレのタイミングや、遊ぶ時間、睡眠の時間などを把握できると、しつけや世話、健康管理がしやすくなる。3日～1週間くらい記録をとってみよう。

留守番の練習をする

留守がちな家庭なら、初日から子犬がひとりで過ごす練習を。最初はほんの短時間だけ子犬をひとりにし、徐々に時間をのばしていく（➡P50）。

夜鳴き対策

たいていの子犬は、夜中に急にひとりぼっちにされたら、不安で夜鳴きしてしまうもの。ひとりでいることに慣れるまでは、子犬をハウスごと寝室に連れていき、同じ空間で寝るのがベター。また日中たっぷり遊べば、夜は疲れて眠ってしまうので、夜鳴きの心配も減る。

たっぷり遊ぶ

信頼関係を築くためには、一緒に遊ぶことが近道。元気な子犬なら初日からどんどん遊んであげる。ただし、1回の遊び時間は短めにして、ハウスでの休憩をはさむようにする。遊ぶときは子犬を驚かせたり、怖がらせないように注意（➡P34）。緊張している子犬は、新しい環境に慣れるまでそっとしておく。

スキンシップトレーニングをする

体をさわられることに慣らすスキンシップトレーニングは、子犬のうちから始める。初日から始めてもOKだが、子犬が落ち着いていて眠そうにしているタイミングで行うのがコツ（➡P72）。

名前を覚えさせる

名前を覚えることは、しつけやコミュニケーションの基本となる。遊ぶときや食事のときなど、子犬にとって楽しいことをするときに名前を呼び、名前にいい印象を与えておくことが大切。

コミュニケーションのとり方

子犬とコミュニケーションをとるときは、接し方を誤ると、あまがみを助長したり、怖がらせてしまうことがあります。以下のことに注意しましょう。

子犬から来るように仕向ける

子犬はよく動くので、飼い主が追いかけるようなかたちになりがちだが、子犬は追いかけられると怖がったり、逆に追いかけっこ遊びだと思って、おもしろがって余計に走りまわってしまう。おもちゃを使って気を引いたり、やさしく呼びかけたり、逆に飼い主が逃げるようにして、子犬から飼い主へ向かってくるようにしよう。

威圧感を与えない

その気はなくても覆いかぶさる、上から急に手を出すなどの行動は、子犬にとっては威圧的な行動。子犬を驚かせたり、怖がらせないように注意。

直接手で遊ばない

手で遊ぶとあまがみの原因になるので、遊ぶときは大きめのおもちゃを上手に使おう。

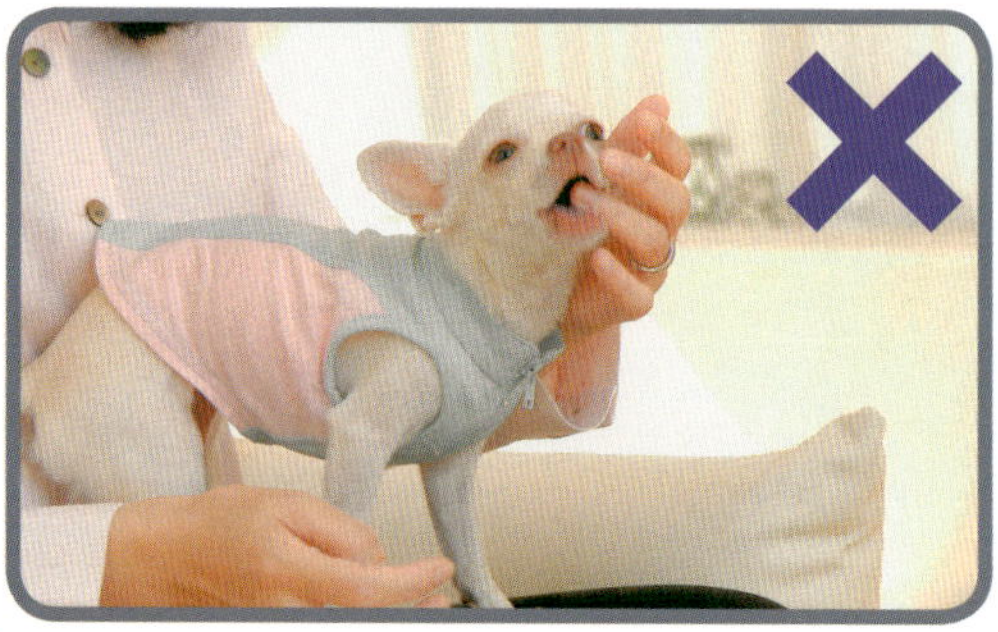

子犬をかまいすぎない

子犬とはたっぷり遊ぶのが基本だが、家族が四六時中かまっていると、疲れすぎて体調をくずすことも。子犬は寝たり起きたりのくり返しなので、生活リズムを把握して睡眠のじゃまをしないこと。また、べったりしすぎた関係は留守番苦手なコに発展させてしまうことも。

子どもと犬だけにしない

シッポを引っぱったり、頭にものをかぶせるなど、子どもは犬にイタズラすることがある。しつこいと犬がかみついたり、犬を腕から落としてしまう事故にもつながるので、大人の目の届く範囲で遊ばせる。また、子どもにはあらかじめ犬との接し方を教えておく。

抱っこの仕方

犬が暴れて落下しないように、抱っこの仕方をマスターしておきましょう。

抱き上げるときはいったん床に座り、横から子犬を抱き上げる。

子犬が急に暴れても落としてしまわないように、お尻と胸をしっかり支える。

持ち上げるときに前足を持ち上げると、関節を痛める原因になる。

さわられて気持ちのいい部分と、苦手な部分

基本的には子犬はやさしくなでられることが好きですが、足先やシッポなど苦手な部分もあります。そういう部分は様子を見ながら徐々に慣らしていってください（➡P72）。

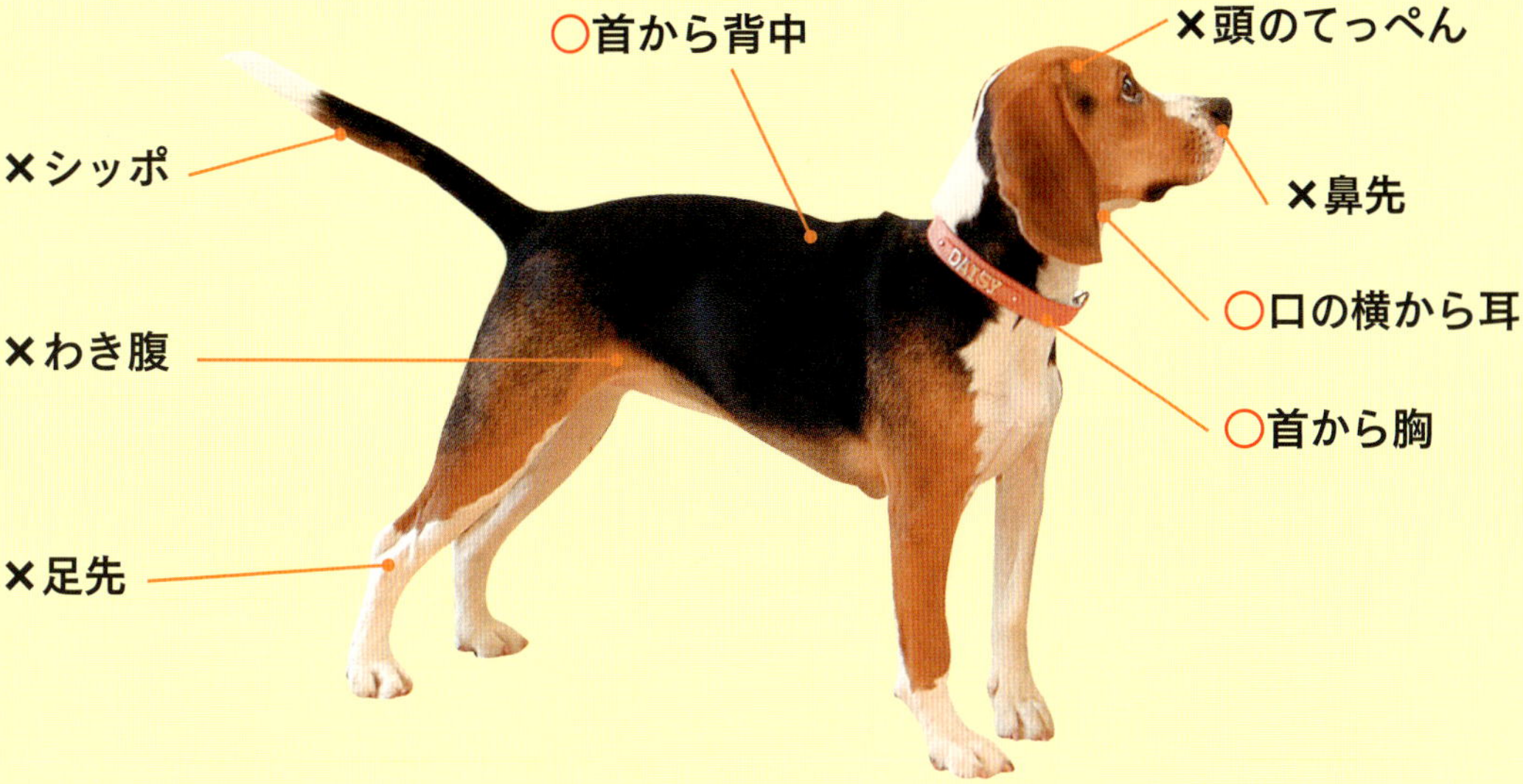

トイレのしつけ

Step 1 抱っこして連れて行く

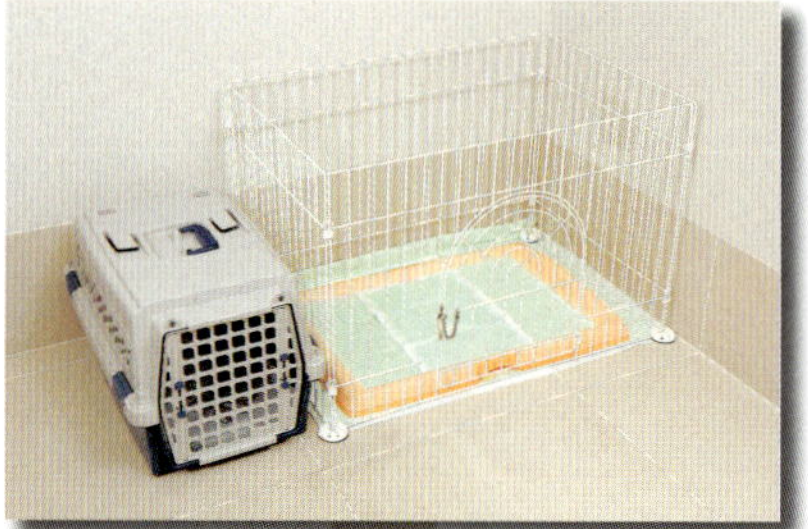

1 ハウスの近くにトイレを設置。サークルでトイレを囲う。

2 犬が排泄しそうなタイミングを見計らってトイレへ連れて行く。

◎排泄のタイミングとサイン

- 目が覚めたとき
- 食事のあと
- 水を飲んだあと
- 遊んで興奮しているとき
- 床のにおいをかいで落ち着かない様子のとき
- その場をクルクル回るようなしぐさを見せたとき
- 部屋の隅に急に走っていったとき

失敗させないことがトイレを覚える早道

トイレを早く覚えさせるコツは、子犬がそそうする機会をなるべくつくらないことです。そのためには、飼い主がタイミングを見計らって子犬をトイレへ導いてあげる必要があります。

子犬の排泄間隔は、一般に「月齢＋1時間」といわれますが、これはほとんど体を動かしていない状態での話。体を動かせばもっと頻繁にしたくなります。遊んでいるときには10分、15分という短い間隔で排泄する場合もありますから、まずは愛犬をよく観察して排泄リズムやパターンをつかむことが大事です。

また、子犬がトイレを認識するポイントは、トイレのある場所と足元の感触。ですから、トイレの場合は、一度決めたらあちこち動かさないのが原則です。足元の感触＝トイレの材質は、吸収力のよさや、似た素材のものが少ないという理由から、トイレシーツがベターです。

3 排泄するまでそっとしておき、排泄し始めたら、「ワン・ツー、ワ・ンツー」など、やさしく声をかける。

4 排泄したら、その場ですぐ「いいコ」とほめ、フードをあげる。フードはあらかじめトイレの近くに置いておくとよい。

5 扉を開けて子犬を出し、ごほうびとして一緒に遊んだり、自由にさせてあげる。

NG 失敗を叱る、騒ぐ

叱ると排泄したこと自体が悪かったと誤って学習し、隠れて排泄したり、排泄をがまんするようになることがある。また、騒いだり、「まったく、もう」などと声をかけると、かまってもらえたと勘違いすることもある。失敗を見つけたら、犬には一切かまわずに無言で片づけ、においは消臭剤で消しておく。

ADVICE

●かけ声で排泄をコントロール

排泄中に決まったかけ声をかけていると、のちのちそのかけ声で排泄できるようになる。これができると、外出中でもオシッコをさせたいタイミングでできるので便利。かけ声は何でもOK。

●なかなか排泄しないなら仕切り直し

5分待っても排泄しないようなら一度ハウスに入れ、15分たったら再びトイレへ。排泄するまで遊びはなし。

Step 2
自力で行けるようにする

遊んでいる途中などに自分からトイレへ向かうようになったら覚えてきた証拠。いつでも自由に出入りできるよう、トイレサークルの扉を開けておく。トイレに入って排泄したら、Step1 同様すぐにほめて、ごほうびをあげる。

トイレの場所を迷っているときは、手で指し示したり、名前を呼ぶなどして誘導する。

Step 3
サークルを外す

トイレを理解できてきたら、サークルを外してOK。サークルはパネルを１枚ずつ外していくといい。

ADVICE

●お風呂場などに移動するときは数センチずつ

お風呂場にトイレスペースをつくると、においがこもらず、そうじもしやすいのでラク。ただし最初はハウスの近くにトイレを置くのが基本。そのトイレを完全に覚えたら移動してもいいが、急に変えると犬は混乱するので、毎日数センチずつ移動するとよい。

こんなことが失敗の原因になっている！

トイレを覚える早さは犬によっても、生活環境によっても違いますが、なかにはトイレの場所や大きさなどちょっとしたことが原因で失敗しているケースもあります。なかなか覚えないときには、トイレの環境やトレーニングのしかたを見直してみましょう。

●以前に失敗を叱った

叱ったところで犬はトイレを覚えない。むしろ逆効果になることが多い（➡P37）

●飼い主が行動管理をしていない

子犬のトイレの失敗は、きちんと行動管理をしていなかった飼い主の責任。トイレを覚えるまでは、「ちょっとの時間だからいいか」と思わずに、つねに子犬を管理できる状態にしておく。

●トイレを覚えていないのにフリー

一番ありがちな失敗例。10回中5回できても、それを"覚えた"とは言わない。90%以上の確率でできるようになってはじめて、次のステップへ進める。

●トイレの場所が落ち着かない

騒がしい場所や四方から見られるような場所は×。落ち着ける隅のほうへ移動を。

●排泄中、子犬をずっと見ている

じっと見られると、緊張してできないこともある。

●トイレが狭い

最低でも子犬がクルッとひと回りできる大きさに。

●トイレが汚い

トイレシーツは1回1回取り替えるのが基本。犬はきれい好きなので、汚れた場所では排泄したがらない。

●排泄のタイミングがあっていない

子犬の生活を記録しパターンを探る。食事の時間とトイレの時間は密接にかかわるので、トイレを覚えるまでは食事を規則正しい時間に与える。

●ほかの場所や材質でするクセがついている

ペットショップなどで新聞紙やタオルの上で排泄していた犬は、同じものや似た感触の場所で排泄しがち。新聞紙を使っていたコは、しばらくトイレシーツと新聞紙を併用し、徐々に新聞紙をなくしていくとよい。タオルの上でしていたコは、感触が似ているじゅうたんや玄関マットの上でもしてしまいがち。これらはいったん取り外し、トイレシーツの感触を完全に覚えてから元に戻す。

●病気が原因になっている

膀胱炎などが原因で、トイレに行く前にがまんできずにしてしまうことがある。念のため動物病院でみてもらうとよい

トイレの困った！予防＆解決法

ケース 1

家族が帰宅するとオシッコをしてしまう

徐々に直っていくものだがクセになる場合も

家族の帰宅や来客の際に、うれしさのあまり興奮しておもらししてしまう子犬がいます。通称「うれション」と呼ばれ、人好きの子犬に多い現象です。

まだ自分で興奮をコントロールできない子犬の場合、ある程度は仕方のない面もありますが、毎回そうじするのも大変です。また、なかにはクセになって成犬になっても続いてしまう場合があるので、対策が必要です。

方法

興奮しているときは無視をする

帰宅時に子犬が興奮してお迎えしても、飼い主は無視して部屋へ入る。子犬が落ち着いてからかまってあげるようにすれば、帰宅時に興奮することもなく、うれションも直っていく。

子犬が興奮しているときに「ただいま～」と声をかけてしまうと、興奮を助長してしまう。

ケース2 ウンチを食べてしまう

理由はさまざまだが、子犬には多い行動

犬がウンチを食べる行動を食糞といいますが、じつはそれほどめずらしいことではありません。とくに子犬には多く見られる行動です。

食糞する理由としては、

①ウンチにドッグフードのにおいが残っていたから
②食べ物が未消化のまま出てきたから
③以前ウンチを食べたら飼い主が大騒ぎしてそれが楽しかったから
④おなかの中に寄生虫がいて栄養をとられてしまい空腹を感じて

など、さまざまあります。

②と④の場合は治療が必要になります。食糞が続く場合は、念のため動物病院で検査してもらいましょう。

方法 とにかくすぐに片づける

①犬がウンチをしたら、ウンチの反対側からおもちゃやおやつなど犬が大好きなもので興味をひきつける。

②おもちゃをトイレから遠ざけ、犬がトイレから離れるように仕向ける。犬がおもちゃに夢中になっている間にウンチを片づける。

NG 「マテ」の指示を出す

犬の行動を制止しようと思って「マテ」と言っても、犬は取られまいと急いで食べてしまうので逆効果。おやつなどで興味をひきつけるほうがよい。

ハウスのしつけ

Step 1 ハウスに入ることに慣らす

1 犬の前でハウスにフードをばらまき、興味を持たせる。

2 犬は中に入りたくてハウスをカリカリしたりする。

子犬のころからハウス好きにしておこう

ハウスは犬の個室であり、落ち着ける場所。自分だけの居場所を持っていれば、ゆっくりくつろぐこともできますし、いざというときの逃げ場になります。飼い主としても、目を離すときにハウスに入れることができれば安心。ほかにもハウスはさまざまなシーンで役立ちます（⇩P44）。愛犬がハウス嫌いにならによう、子犬のころからハウスに慣らしておきましょう。

犬は本来、洞穴のように四方を囲まれた狭くて薄暗い空間が好きな動物です。トレーニングをしなくても自分から進んでハウスに入っていく犬もいます。しかし、なかには警戒心が強く入りたがらない犬もいます。その場合、無理強いは禁物です。

また、就寝や留守番のときだけハウスを使うと、「ハウス＝閉じ込められる場所」と感じ、抵抗を示すようになることも。ハウスは犬を閉じ込める場所ではありません。犬が自発的に入っていくようトレーニングしましょう。

3 少しじらしてから扉を開けると、犬はすぐに中に入るはず。

5 犬がスムーズにハウスに入るようになったら、中に入るときに「ハウス」と言葉をつける。

4 中に入ったら「いいコ」とほめてあげ、すぐに出てこないようにフードをあげ続ける。

NG 無理やりハウスに入れる

子犬は抵抗なくハウスに入っていくことが多いが、警戒心が強い成犬などは慣れるまでに時間がかかる。そんな犬を無理やりハウスに入れるのは×。この場合は、より魅力的なおやつやおもちゃをハウスに入れ、扉を開けたままにしておく。飼い主は、犬を気にせず普段どおり生活しながら、犬が自分から入るのをひたすら待つ。時間はかかるが、犬が自分からハウスに入ったときに「いいものがある」と気づかせるようにすることが大事。

Step 2
ハウスにいる時間をのばす

1 ハウスに慣れてきたら、ガムやコングなど犬が長時間楽しめるものを一緒に入れて、ハウスにいる時間をのばしていく。犬がおもちゃに夢中になったところで扉を閉める。

2 犬が静かにしているタイミングでハウスから出す。吠えないように最初は短時間でハウスから出し、徐々に時間をのばしていく。吠えているときにハウスから出すと「吠えたから出してもらえた」と思うので注意。

ハウスが役立つのはこんなとき！

- 犬自身がひとりになってくつろぎたいとき
- しつけのできていない犬を監視できないとき
- 留守番をさせるとき
- 愛犬が苦手にしている人が訪れたとき
- 犬嫌いの人が訪れたとき
- 大勢の人が集まるとき
- 犬が何かを怖がっているとき（落ち着けるハウスは避難場所となる）
- 犬が興奮しすぎて、落ち着かせたいとき
- テーブルの上に食べ物が乗っているとき
- 車や電車で移動するとき
- ペットホテルや旅行先、他人の家など、自宅以外で就寝するとき
- 災害避難時
- 引越しなどでドアを開けっ放しにしなくてはいけないとき

ADVICE

●吠えるときは天罰式で対処

ハウスの中で吠えないように少しずつトレーニングしていくのが基本だが、吠えてしまったときは天罰方式が有効な場合も。犬にばれないように洗濯ハンガーなど大きな音の出るものを投げると、びっくりして吠えやむ。ただし、怖がりな犬には使えないので、その場合は、Step1～3のトレーニングをくり返し行うことがよい。

●カバーで遊ぶときは天板を使う

犬がカバーを引き込んで遊んでしまう場合は、ハウスの上にやや大きめの板を乗せ、カバーが直接ハウスに当たらないようにするとよい。犬は口が届かないので遊べなくなる。

Step 3 カバーをかける

ハウスにカバーをかけ薄暗いところでもおとなしくできるように練習する。ハウスから出すときは、Step2同様、静かにしているときに出すようにする。

ハウスの中には、犬がひとりで遊べるものも入れておく。

食事のルール

家族の食事をあげない

家族の食事を分けていると、自分の食事をしなくなることもある。また、人と犬とでは栄養バランスが違うため、人は平気でも犬にとっては体調不良の原因になるものも。健康としつけの両面から、犬には犬専用の食事を与えること。

食事の時間はアバウトに

時間を決めると、その時間に要求吠えする犬になることもあるので、飼い主の都合のいい時間に与えてOK。ただし間隔があきすぎるのは×。また、トイレトレーニング中は、排泄パターンをつかむため、規則正しく与えるほうがよい。

食べ物は犬の届くところに置かない

盗み食いを責める前に、犬が食べられないように環境を整えることが大事。

オアズケはしない

落ち着いて食事をすることは大事だが、むやみに待たせるのは×。いっそう食事に執着するようになったり、食べ物があるときにしか「マテ」のできない犬になってしまう。

食事のしつけのポイント

食事は生きていくために欠かせないものであり、犬にとってもっとも楽しみなことのひとつです。

愛犬のおねだり攻撃や盗み食いに手を焼く飼い主さんも多いのですが、犬の場合、目の前に食べ物があれば食べてしまうのは本能。小さな体で驚くほど食べますし、棚の戸を器用に開けてお菓子を食べる犬もけっこういます。

とにかく犬は食に対して貪欲です。しかし、食事量が増えれば当然肥満や病気の心配がでてきます。なかには玉ねぎやチョコレートのように、人間は平気でも犬にとっては有害なものもあります。食事管理をしっかり行い、食事のルールもきちんと教えてあげましょう。

また、犬にはお気に入りものを守る習性があり、食べ物や食器もその対象となる場合があります。食べ物や食器を守る犬になると、食事中に人が近づいただけで威嚇することも。子犬のころから予防策を講じておきましょう。

食事の与え方

方法1

食器で与える

食べているときに近づくと、犬によっては取られまいと威嚇するようになることがある。これは人の手を「食べ物を奪う手」と学習してしまったため。この予防策として「人の手は食事を取り上げるものではなく、むしろ食べ物が出てくるいいもの」ということを子犬のころから教えておく。

犬の食事中に食器を取り上げると、人の手を「食べ物を取る嫌なもの」と学習してしまう。

食器にフードを少しずつ落としていくことで、犬は人の手を「食べ物が出てくるいいもの」と学習する。中にあるものをすくって直接手から食べさせてもよい。

方法2

コングなどのおもちゃに詰めて与える

時間をかけて楽しみながら食事ができるので、犬を留守番させるときにおすすめの方法。もちろん通常の食事のときに使ってもOK（➡P53）。

ADVICE

●食事を利用してトレーニングを

トイレを覚えたら、食事の時間をトレーニングの時間としても使いたい。たとえば、散歩の際に、歩きながらドッグフードを一粒ずつ与えて飼い主に注目させることを覚えさせたり、食事の前にドッグフードを５粒使えば、「スワレ」の練習が５回できる。

食事の困った！予防＆解決法

ケース 1

人の食事をほしがる

"家族の食事をほしがるのは"もらえた"経験があるから

犬が人の食事をほしがるのは、以前、家族のだれかが食事を与えたからでしょう。あるいはだれかの食べこぼしをテーブルの下で拾い食いしてしまったのかもしれません。

いずれにしても、「犬には人の食事を与えない」という共通ルールを持つことが大事です。愛犬の健康のためにも、このルールを徹底しましょう。

方法 1

もっと魅力的なものを与える

家族の食事中、犬には食べ物を詰めたコングやガムなど大好きなものを与え、そちらに気持ちを向けさせる。さらに家族の食事中はハウスで過ごす習慣をつければ、だれもおすそ分けできないし、犬が食べこぼしを拾い食いすることもない。

方法 2

とにかく無視する

①犬が食事をほしがって飛びついたり、吠えてきたら無視をする。手ではらいのけたり、チラッと見たりもしない。

②犬が完全に落ち着いたら、言葉でほめる。

ケース 2

遊び食いをする、ごはんをあまり食べない

いつでも食べられるという気持ちがあるのかも

遊び好きな子犬の場合、食事を与えても周囲のおもちゃに夢中になっていたり、フード自体を転がして遊んでしまうこともあります。また、なかには、つねに食べ物が与えられている状況に慣れてしまい、「食べられるだけ食べる」という本能が薄れてしまう犬もいます。

いずれにしても、「いつでもごはんが食べられる」という安心感があるのかもしれません。ごはんは、出ているときしか食べられないことを教えましょう。

方法

15分たったら片づける

食べ残しがあっても15分程度で片づける。1時間後にもう一度出してみて、それでも食べないようならまた片づける。これをくり返し、とにかくごはんが食べられるのは、食事が出ている限られた時間だということを教えていく。

NG おいしいものを加えたり、間食させる

ドッグフードのメーカーを変えたり、手づくり食を取り入れたりするのはOKだが、食べないからといって、いつもの食事においしいものを加えるようにすると、食べなければもっとおいしいものがもらえると思ってしまう。

また、間食としておやつをたくさんあげていると、犬はそれだけで満足してしまうこともあるのでNG。

子犬のための留守番スペース

サークルで囲う
動き回れる広さが必要なので、小型犬でも４面サークルをふたつつなげたくらいの広さを用意。

寝床
ハウスの扉は柵に固定するか、外しておく。

トイレ
トイレはハウスから遠いところに置く。トイレを覚えていない場合は、サークルの全面にトイレシーツを敷いておく。

新鮮な水

おもちゃ
かじるおもちゃやフードを詰めたコングなどひとりで楽しめるものを入れておく。

ADVICE

●短時間の留守番ならハウスでOK

一般にトイレをがまんできる時間内ならハウスでもOK。したがって子犬の場合は２～３時間が目安。この場合、水は不要だが、退屈しのぎ用のおもちゃは必要。なお、長時間排泄をがまんできても、ハウスで過ごす時間が長いと苦痛になるので、やはり３時間くらいが限度。

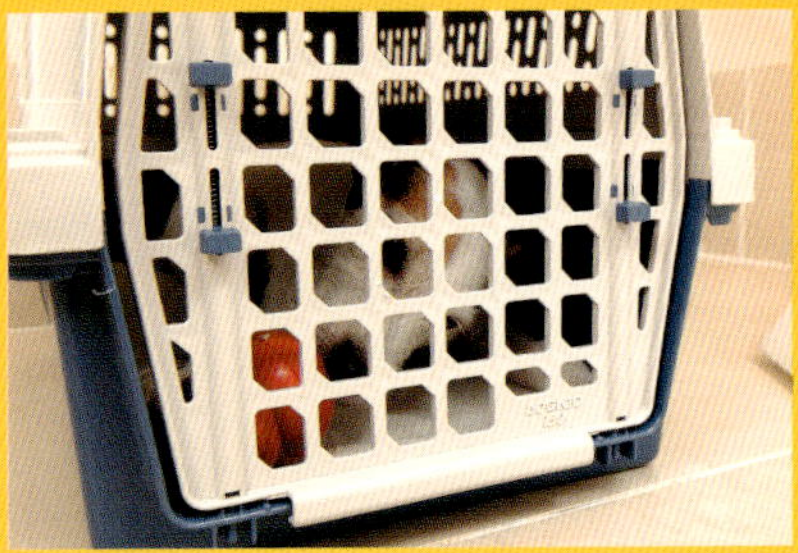

まずは「ひとりで過ごす」練習から

犬はもともと「群れ」をつくる動物ですから、ひとりで過ごすことは、本来苦手です。ひとり取り残される不安感、あるいは退屈をまぎらわすために、留守中吠え続けたり、部屋をグチャグチャにしてしまうこともあります。

上手に留守番させるには、まず飼い主が家にいる状態で、子犬がひとりで過ごす練習をします。最初はごく短い時間から始めてください。少しずつその時間をのばしていけば、本当の留守番も無理なくできるようになるでしょう。

なお、しつけができていないうちは、イタズラやそそう、また愛犬の事故を防止するためにも、サークルで留守番させましょう。

留守番のさせ方

準備

外出時間に合わせて留守番の環境を整える。イタズラやそそうがなくなったらフリーで留守番させてよいが、事故などがないよう安全対策はしっかり行う。

外出時

いい対処：魅力的なおもちゃを与えてさりげなく出かける

悪い対処：大げさに声をかけて出かける

留守番は特別なことではなく、日常的なことと理解させるため。大騒ぎすると余計に不安をあおってしまう。

帰宅時

いい対処：さりげなく帰宅。おおげさに声をかけない

悪い対処：おおげさに声をかけ、すぐ犬をかまう

帰宅時も同様にさりげなくふるまう。

上手に留守番をさせる工夫

●魅力的なおもちゃを与える
長時間遊べるおもちゃを用意。飽きないようにおもちゃは複数用意（➡P52）。

●出かける前に体を動かす
散歩や運動でたっぷり体を動かしていれば、留守中は眠って過ごしてくれるはず。

●テレビやラジオをつけて出かける
静けさがさびしさを助長するなら、ラジオなどをつけて出かけるのもひとつの方法。

●カーテンをしめる
外の物音や人影に吠える犬への対策。外の情報をさえぎることで吠えるきっかけをなくす。

●だれかに来てもらう
飼い主に代わってペットの世話をしてくれるペットシッターや、近くに住んでいる知人に来てもらうのもいい方法。短時間遊んでくれるだけでも犬にはいい刺激になる。

ひとり遊びにおすすめのおもちゃ

コング

天然ゴム製のかむおもちゃで、不規則な弾み方をするので、投げたり転がして遊んでも楽しい。食べ物を詰めて与えることもでき、専用のレバーペーストもある。サイズや硬さ、形はいろいろあるので、愛犬の好みで選ぼう。

レバーペースト

コング

プレスガムやひづめ

圧縮された硬いガムやひづめは、かみごたえがあり、時間をかけて遊べる。これもいろいろな種類があるので、愛犬に合わせて選ぼう。

プレスガム

ひづめ

バスターキューブ

らせん状の空洞に入れたフードを取り出して遊ぶ知育玩具。簡単には出てこない構造なので、時間をかけて食事ができる。

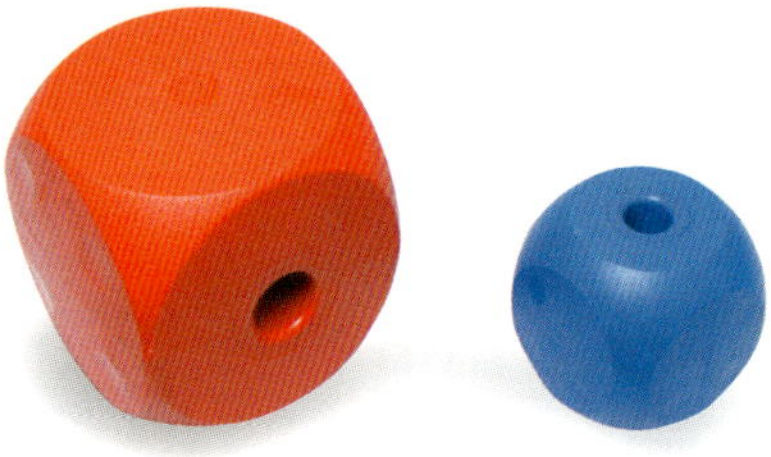

トリーツボール

バスターキューブと同じような構造だが、形が丸いぶん音が響かないので、音に繊細なコや、集合住宅で飼っている場合におすすめ。ただしバスターキューブより少々壊れやすい。

ひとり遊び用おもちゃの選び方

●壊れにくいもの

ぬいぐるみなどは中綿を引き抜くこともあるので×。壊れる可能性のあるものはだれかが見ているときに与える。

●飲み込めないサイズのもの

誤って飲み込むと危険なので、大きめを用意。とくにガムはかんでいるうちに小さくなっていくので、小型犬でも中型犬用や大型犬用を与えるとよい。

●犬専用のもの

使い古しのスリッパなどを与えると、新しいスリッパ、あるいは同じような素材のものもおもちゃと認識する可能性が。犬用に開発されたものは、天然ゴムや牛皮など家の中にあまりない素材でつくられていることが多く、安全性も配慮されている。

注意！

「留守番におすすめ」とうたわれているおもちゃは、安全性には十分配慮して開発されていますが、万が一のこともあるので、最初は必ず飼い主がいるところで与えましょう。安全に遊べるか確認してから、実際の留守番で使用してください。

スペシャルなごはんに変身！

コング活用術

犬を留守番させるときには、食事はコングに詰めて与えるのがおすすめです。さまざまな詰め方がありますが、いくつか例を紹介しますので、工夫していろいろ試してみてください。

初級

コングで食事をするのが初めてなら、すぐに取り出せるように少量のドライフードを詰め、コングで食事をする楽しさを知ってもらう。取り出すコツをつかんだら、徐々にギュウギュウにしていく。

中級

コングの食事に慣れてきたら、飽きないよう、より魅力的な中身に。フードやおやつを何種類か用意し、それを何層にも詰めていくと変化があって、犬にとっても楽しみが倍増する。種類を変えたり、順番を変えたりしてバリエーションを増やそう。

詰め方の例

一番奥にドライフード❶を入れ、真ん中あたりにはチーズ❷やレバー❸などやわらかめのものを入れる。手前のほうにジャーキー❹❺やビスケット❻など再び硬めのものを入れてメリハリをつける。

上級

上級編は、中身は少なくても、時間をかけて遊べる詰め方。たとえば、ジャーキーを折り曲げ、コング内部の壁に貼り付けるように入れると、犬の舌はかろうじて届くが、簡単には取り出せない。取り出すまでに2、3時間はかかるはず。

上手に遊ぶポイント

ポイント1 飼い主もとことん楽しむ

犬が楽しく遊ぶには、飼い主自身もとことん楽しみ、犬が何かをうまくできたら、一緒になって喜び、思いっきりほめてあげることが大事。

欲求を満たし、信頼関係を深める遊び

子犬は遊び好き。十分に相手をしてあげよう

犬は遊ぶことが大好き。この欲求が満たされないと、カーテンを引っぱったり、部屋のものをかじったり、人にじゃれてあまがみをしたり、自分なりに〝遊び〟を見つけて、エネルギーを発散させます。

でも、それは飼い主にとって困った行動。だから、日頃から十分に遊んであげて、「困った行動」を予防しましょう。

そもそも犬にはオオカミ時代から受け継ぐ狩猟本能があります。しかし、現代の犬たちは実際に狩猟する機会がありません。そこで、遊びを通して狩猟の疑似体験をするのです。

動くものを見ると追いたくなるのが、犬の習性。ですから、ボールやおもちゃを追いかける遊びは、犬が好きな遊びのひとつです。また、ロープなどを引っぱり合う遊び(引っぱりっこ)も、獲物を捕らえるときの疑似体験となり、非常にエキサイティングして遊びます。

ポイント 2 遊びの主導権は飼い主が持つ

遊びのスタートと終わりは飼い主が決めるのが基本。とはいえ、愛くるしい目で愛犬が遊びを誘ってくると、なかなか断れないもの。ワンワン吠えて要求するときはあくまでも無視だが、吠えずにしぐさで「遊ぼう！」と誘ってくるのなら応じてOK。ただし、すぐに遊びに応じるのではなく、飼い主が何かリクエストをして、それができたら遊んであげる。こうすれば主導権は飼い主に。「飼い主の要求に応えたから遊んでもらえた」と犬に感じさせるのがコツ。

犬が遊びたがっている様子…。

遊びにつきあってあげるなら（自分の都合を優先に）、「スワレ」や「フセ」など愛犬ができることをリクエストする。

犬がそれに応えたら、一緒に遊ぶ。

ポイント 3 犬が飽きる前に終わらせる

引っぱりっこに限らず、遊びは犬が飽きる前に終わらせ、犬に「また遊びたい！」という気持ちにさせるのがコツ。

ポイント 4 手で直接遊ばない

直接手で遊ぶとあまがみに発展することもあるので、おもちゃを上手に使って遊ぼう。小さいおもちゃやぬいぐるみにはひもをつけて遊ぶのがおすすめ。そのほうが、おもちゃの動きに変化がつけやすい。

引っぱりっこ

こんな遊び

ロープやおもちゃをくわえて引っぱり合う遊び。かむ欲求が満たされるうえ、エネルギーの発散にもなるため、あまがみの予防としてもおすすめ。この遊びを通して「チョウダイ」の指示語も教えられる。

1 犬が落ち着いている状態で遊びを始める。飛びついたり、吠えたり、興奮しているときは、落ち着くまで待つ。

2 犬がおもちゃにかじりついたら、引っぱりっこスタート。左右に大きく動かしたり、小刻みに動かしたり、変化をつけながら動かすとより楽しめる。

ADVICE

●多少うなる程度は気にしなくてOK

引っぱりっこをしていると、犬が「ウー、ウー」とうなることがあるが、これは攻撃的になっているというよりも、興奮しているため。正常な行動なので多少うなる程度ならそのまま遊び続けてOK。ただし、興奮させすぎると収拾がつかなくなるので、ほどほどのところでいったん切り上げるようにする。

5 おもちゃを自分の胸のあたり（犬が絶対に飛びつけない高さ）に持ち、犬が落ち着くのを持つ。興奮が高まっているうちは犬も飛び跳ねたり、吠えたりするが、そうやっても遊べないことがわかれば、そのうち座ったり伏せたりするはず。犬が完全に落ち着いてから遊びを再開する。こうした短いゲームをくり返すことで、犬は興奮を抑えることやコントロールする術を身につけていく。

4 犬はおもちゃが動かなくなると興味が薄れ、おもちゃを口から離す。このときに「チョウダイ」と言う。これを続けると「チョウダイ」が指示語として身につく。

3 犬が興奮してきたら、おもちゃを自分の体につけて動きを止める。

モッテキテ

こんな遊び

ボールやおもちゃを投げて持ってこさせる遊び。「動くものを追いかけて捕まえたい」という犬の自然な欲求を満たすことができる。「モッテキテ」「チョウダイ」の指示語も教えられる。

ADVICE

●ひもつきボールがおすすめ

ボールを持ってきてもなかなか口から出したがらない犬が多いので、最初はひもつきのボールを使うのが安全。また同じものをもうひとつ用意しておき、それで興味を引くと、ボールを口から離しやすい。

1 ボールを持ってきても、そのまま逃げてしまうことが多いので、最初はリードをつけて練習する。飛びついたり、吠えたりするときはまだ投げない。

2 犬が落ち着いたら、近くにボールやおもちゃを投げる。

モッテキテ！

3 犬がボールを追いかけて口にくわえたら思いっきりほめ、「モッテキテ！」と楽しそうに言う。

6 離したボールを飼い主が確保したら、新しいボールを投げてボール遊びを再開する。これをくり返し、投げる距離を少しずつのばしていく。

5 犬がボールを持ってきたら、あらかじめ用意しておいたボールを見せて、そっちに興味を持たせる。犬がくわえていたボールを離したら「チョウダイ」と言う。

ADVICE

●引っぱりっこ遊びをしてもOK

犬がボールを持ってきたら、引っぱりっこ遊びをしてからボールを出させてもOK。犬にとって、狩猟本能を刺激する楽しい遊びになるはず。

4 持ってくる間も思いっきりほめ続ける。飼い主が楽しそうにしていると、犬は自然とそちらへ向かうはず。

宝探し

こんな遊び

隠したおやつやおもちゃを探す遊び。犬の本能である嗅覚を刺激できる。また、「探す」という行為も犬が好きなことのひとつ。この遊びは老犬や関節を悪くした犬など、運動能力が衰えてからも遊べる。

1 隠すおもちゃ（フードでもよい）を見せて、興味を持たせる。

2 最初は犬に見える場所におもちゃを置く。「マテ」ができないコなら、一緒におもちゃを置きにいくか、ほかの人に犬をおさえてもらう。

5 ①～④をくり返したら、今度は犬から見えないところにおもちゃを置く。この段階でも最初は隠す過程を見せてOK。犬が完全に宝探しのルールを覚えたら、隠す過程を犬に見せずに探させる、本来の宝探しへステップアップ。犬は嗅覚を使って探し出すので、いろいろな場所に隠してみよう。

4 おもちゃをくわえたら思いっきりほめ、しばらくそのおもちゃで遊ばせてあげる。

3 おもちゃのある方向を指差し「サガシテ」と言って犬を放す。

あまがみする犬の気持ち

だって楽しいもん
カム
カム
歯がムズムズして
かゆいんだ…
だってかじるものが
周りにないんだもの…
動くものには
つい反応しちゃうんだ
カム!!

あまがみの放置はかみグセの原因に

子犬は、人間の手や足にじゃれついて「あまがみ」をします。これは、子犬にとって、楽しい遊びのひとつです。本来は子犬同士でじゃれたり、かんだりして遊びますが、兄弟犬がいないため人間相手にあまがみをします。子犬があり余るエネルギーを発散できていないことも、あまがみの原因のひとつです。

また、犬にとって何かをかんだり、かじったりすること自体、とても強い欲求。とくに子犬の場合、歯の生え変わりの時期にはむずがゆさがあるため、余計に何かをかじりたくなります。

小さい犬なら、かまれてもあまり痛くありませんし、むしろその姿は愛らしく、そのままあまがみをさせてしまうことも多いもの。しかし、あまがみを放置すると、成犬になってもかみグセが抜けないケースが多々あります。あまがみをしなくてもすむように、ほかのことで子犬の欲求を満たしてあげましょう。

あまがみの予防法

「かじりたい！」という欲求は、かんでもいいおもちゃで十分に満たしてあげよう。

対策1 かんでいいおもちゃを十分に与える

あらかじめ、かんでいいおもちゃを十分に与え、かみたいという欲求を十分に満たしてあげることが大事。

対策2 エネルギーを発散させる

運動不足や退屈が原因なら、遊びの時間を増やして、十分にエネルギーを発散させてあげることも大事。

対策3 目の前で手をひらひらさせない

犬は動くものに反応するので、目の前で手が動くと、ついかんでしまうことも。遊ぶときは直接手で遊ばず、おもちゃを使うなどする。

対策4 かんできたら、遊ぶのをやめる

犬があまがみをしてきたら、痛くなくてもその場で一緒に遊びをやめて無視する。しつこいようなら部屋から出て行くのがベスト。犬がクールダウンすればいいので、１分程度でOK。犬が落ち着いたら、その状態をほめ、ごほうびとしてかじるおもちゃを与えたり、遊びを再開する。

しつこいあまがみには、部屋から出ていって、子犬をひとりにさせるのが効果的。

かみつく犬の気持ち

それは嫌！
（苦手）
怖いよ〜
先にいかないと
ボクがやられてしまう
（恐怖からの攻撃）
カム！
これはボクのだ！
（執着、所有欲）
痛い！
（病気、ケガなど）
どれどれ
カム！
カムム…
○○してよぉ！
（要求）

飼い主との信頼関係が最悪の事態を防止する

いざというとき、相手をかんで身を守るのは犬の本能です。でも、人間社会で暮らす以上、それは絶対に避けなければなりません。

犬がかみつく理由のひとつに社会性の不足があります。ほかの人や犬に対して恐怖心が強いため、身を守ろうと攻撃的な行動に出てしまうのです。

とはいえ、犬はそう簡単にかみつくわけではありません。「もう逃げられない！」と思ってはじめて、かむ行為に出ます。ですから、そこで飼い主が守ってくれると思える犬なら、かみつくという最悪の事態を防げるケースが多いようです。つまり信頼関係を築くことは、かみつきを予防するうえでも非常に重要なのです。

ほかにも犬がかみつく理由はさまざまで、予防法もいろいろあります。左はあくまで予防法の例です。すでにかみつきの行動が出ている場合は、間違った対処をすると大事故につながりますから、専門家に相談してください。

かみつき事故の予防法

食べものを守る犬にしないためのトレーニング。

理由1 執着・所有欲によるかみつき

対策 「チョウダイ」を教える、いい関連付けをする

たとえば、おもちゃを守ってかみつく犬にしないためには「チョウダイ」を教える（➡P 56）。また、食べ物や食器を守ってかみつく犬にしないためには、飼い主の手は食事を奪うものではなく、「食事をくれるいいもの」と関連付けさせる（➡P47）。

理由2 苦手なことに対するかみつき

対策 時間をかけて慣れさせる

はじめから「嫌なこと」として経験させるのではなく、時間をかけてあらゆることに慣れさせていくこと（➡PART5）。

理由3 恐怖によるかみつき

対策 社会性をつける、飼い主と信頼関係をしっかり築く

ほかの人や犬に対する社会化を正しく行い、人や犬を怖がらないように育てる（➡P92、112）。また、いつ、どんなときでも「飼い主がいれば安心だ」と犬が思うようにする。また、飼い主は犬の苦手なものをよく知っておき、うまく避けてあげることも大事。

社会化と飼い主との関係が十分にできていれば、かみつきなどの大きなトラブルは防げることが多い。

理由4 痛みによるかみつき

対策 健康チェックをしっかり行う

それまでかんだりしないコが急にかむようになった場合、病気やケガによる痛みが原因のことも。日頃から犬の健康チェックをしっかり行い、異変にいち早く気づいてあげるようにすること。いい関係を築くことが、かみつきの予防になる。

理由5 要求によるかみつき

対策 飼い主が主導権を持つ

過去の経験から「かむと自分の思い通りになる」と学習することも。日頃から飼い主が主導権を持つようにする。

吠える犬の気持ち

不安だよぉ
さみしいよぉ
（分離不安）
ワン
ワン
キューン
つまんないなぁ…
（退屈）
ワォーン
ワォーン
○○して〜
○○をちょうだいよ〜
（要求）
ワン
ワン
だれだ！
あっちへ行って！
（警戒、防御）
ワン
ワン
楽しい！
（興奮）
ワン
ワン

吠える理由はさまざま 犬の気持ちを読み取ろう

よくむだ吠えといいますが、犬にしてみれば決してむだに吠えているわけではありません。吠える行動が気になったら、まずは理由を探りましょう。理由がわかればすぐに解決できるケースも多いものです。

ただし、恐怖心から吠える場合には、直すのに時間がかかります。あとになって「困った…」と嘆くより、子犬のころからのしつけや社会化で、吠えグセをつけないことが得策でしょう。

また、人間にもおしゃべりな人とそうでない人がいるように、犬にも吠える傾向の強い「おしゃべりな犬」がいます。もちろんしつけ次第である程度抑えることは可能ですが、このケースでは完璧を求めるのではなく、「日常生活に支障がない程度にとどめる」を目標に、心に余裕を持ってしつけをしましょう。マンション住まいなどの場合には、犬を選ぶ時点で犬種の特性などから「吠えにくい」犬を選ぶことも重要になります。

吠えグセの予防法

日常的に子犬をひとりにする時間をつくり、ひとりで過ごすことに慣らしておく。

理由1 退屈吠え

対策 退屈させない

ひとりで長く遊べるおもちゃを与えたり、遊ぶ時間を増やすなど、運動不足やコミュニケーション不足を解消してあげる。なお、おもちゃをかじっている間は、吠えることはできない。吠えグセ予防のためにも愛犬にはかじるおもちゃを好きになってもらおう。

理由2 分離不安吠え

対策 独立心をつけさせる

飼い主と離れることがつらくて、留守番のときに吠える犬は多い。ひとりで過ごすことに少しずつ慣れさせていこう。

理由3 要求吠え

対策 飼い主が主導権を持つようにする

「要求すれば望みが叶えられる」と犬が覚えないように、散歩も食事も遊びも、飼い主が誘うことを基本にする。また、散歩や食事の時間になると吠える犬も多いので、散歩や食事の時間はきっちり決めすぎないのもポイント。

子犬のころから、無理のないかたちでほかの犬や人など、さまざまなものに慣らしておこう。

理由4 興奮吠え

対策 興奮をコントロールできる犬に育てる

たとえば遊んでいるうちに興奮して吠える場合は、いったん遊びを中止して、落ち着いてから遊びを再開するようにする（➡P56）。

理由5 警戒（防御）吠え

対策 社会性をつける

ほかの人や犬、車などに吠えるのは、それらに慣れていなくて怖いからという場合が多い。子犬のころから少しずつ慣らしておくことが大事（➡P92、110）。

PART 3

さまざまなシーンに役立つトレーニング

トレーニングで安全&快適を手に入れよう

愛犬と楽しく快適に暮らしていくためには、日常生活のルールやマナーを教えるだけでなく、さまざまトレーニングを行うことが欠かせません。トレーニングでとくに重要なのは、次の3つ。

①愛犬の体をすみずみまでさわれるようにする「スキンシップトレーニング」

②どんな環境でも落ち着けるようにする「リラックストレーニング」

③名前を呼ばれたら注目するようにする「アイコンタクト」

　これらはぜひ、子犬のうちにトレーニングを始めるようにしてください。

　そのほか、「スワレ」や「マテ」などの言葉（指示語）も覚えてくれればコミュニケーションの幅が広がり、日常生活はよりスムーズに。愛犬を事故から守ったり、問題行動を軽減することにもつながりますから、代表的なものだけでもマスターしておきましょう。

　指示語トレーニングは成犬になってからでも遅くはありません。一つひとつじっくり教えていってあげてください。

Let s b
Traini

トレーニングの進め方

あせらずひとつひとつ段階を踏んで

トレーニングを行う際には、左のポイントをおさえておくと、効果的に進めることができます。大事なのは、とにかくあせらないこと。小さな成功を積み重ねていくことが大事です。いきなり難しいことに挑戦するのではなく、簡単なことから始めてください。

また、トレーニングは飼い主と愛犬とのコミュニケーションのひとつでもあります。犬のやる気をうまく引き出して、楽しくトレーニングを進めてください。犬にとってトレーニングが楽しい時間であれば、やる気も高まり、どんどんいろいろなことを覚えていけるはずです。

効率よく進めるための トレーニングのポイント 8

❶最初はリードをつけておく

トレーニング中に犬がふらふらと離れてしまわないように、最初は室内で行うときも首輪とリードをつける。リードはつねにたるんだ状態をキープすること。

❷長時間のトレーニングは×

トレーニングは1日に何回やってもいいが、長時間続けると飽きてしまうので、1回ごとの時間は短く。子犬なら1回2、3分程度で十分。

❸成功したところで終わる

最後は成功したところでほめて気分よく終わらせると、次への意欲が高まる。失敗が続いたり、犬が混乱してきたら、確実にできるところまで戻る。

❹新しいことにはごほうびを奮発

新しいことや難しいことに挑戦するときは、いつもより魅力的なごほうびを用意して、犬のやる気を高める。

❺トレーニングは楽しく行う

もともと犬には「何か仕事をしたい」という欲求（作業意欲）があるので、トレーニングは犬にとって楽しい時間になるはず。成功したらきちんとほめて評価し、さらにごほうびを使って、愛犬のやる気を引き出すようにしよう。飼い主自身が楽しそうに行うことも大事。うまくいかなくても決して叱ったり、イライラした態度をとらないこと。

❻さまざまな場所・状況で行う

家でできても、同じことが外でできるとは限らないし、ほかの犬がいたり、大好きなおもちゃが近くにあれば、たいていの犬はそちらに興味が向かってしまうので、さまざまな場所や状況で行う。最初は犬にとって刺激の少ないところから始め、徐々に刺激の多いところへステップアップしていくこと。

❼指示語は統一する

「オスワリ」「スワレ」「シット」など、ひとつの動作にさまざまな言葉があるが、家族がバラバラに使うと混乱するので、かならず統一すること。また、指示語は1回だけ言うのが基本。連発するのはNG。

❽日常生活にトレーニングを組み込む

覚えたことは、下の例のように日常生活の中に組み込み、いつでもどこでもできるようにトレーニングしていく。

日常生活にトレーニングを組み込んだ例

- 朝晩、飼い主が歯みがきをする間、「オスワリ」の練習をする。
- 犬の食事の準備をしたら、「オイデ」で呼び寄せる。
- 食事の前に5粒のフードを使って「オスワリ」と「フセ」の練習を5回する。
- 散歩途中の公園で3分間日替わりのトレーニングを行う。
- 散歩途中の信号待ちでオスワリをさせる。
- ボール遊びをするときに「オイデ」で呼び寄せ、遊びを始める前に「フセ」をさせる。
- メールをチェックする間「リラックストレーニング」をする。
- 家族の食事中にハウストレーニングをする。
- 夜のニュースを見ながらリラックストレーニングをする。

基本トレーニング❶ スキンシップ SKINSHIP

DVD PART3 A-1

Step 1

ごほうびをあげながらさわる

1 おやつをなめさせるなど、いい思いをさせながら、さわられても平気なところ（背中、胸など）から、やさしく声をかけながらさわる。

2 平気なようなら、さわられるのが苦手な部分（耳やシッポなど）も少しずつさわっていく。

スキンシップができると…

- 愛犬を思いっきり抱きしめることができる
- 愛犬と楽しく遊べる
- お手入れがスムーズになる
- 体のすみずみまでチェックできるので健康管理に役立つ
- 動物病院での診察や治療がスムーズになる

トレーニングのアドバイス

★十分疲れさせてから行う

エネルギーがあり余っているときに始めても、動きたい気持ちが勝り、うまくいかない。最初は遊びや運動をして十分疲れたところで行い、徐々に元気なときでも身を任せられるようにしていく。

★無理強いは禁物

このトレーニングは警戒心の薄い子犬の時期に慣らしてしまうのがポイント。すでに大きくなっている場合は、時間をかけて慎重に行う。大事なのは、犬が喜んでさわられることを受け入れるようにしていくことなので、無理やりさわって嫌な思いをさせないこと。

Step 2 さわってから ごほうびをあげる

1 ごほうびなしで、体をさわる。

2 抵抗なくさわれたら、すぐにごほうびをあげる。❶と❷をくり返し、ごほうびなしでさわれる時間を少しずつのばしていく。

Step 3 マッサージを習慣にする

さわられることを受け入れるようになったら、健康チェックを兼ねた全身のマッサージを毎日の習慣にしよう。

NG 無言でさわる

さわることに真剣になると、つい無言になったり、息を止めてしまうこともあるが、緊張感のある態度は×。飼い主もリラックスしてさわることが大事。

基本トレーニング②

リラックス

RELAX

DVD PART3 A-2

Step 1

リラックスすることを教える

1 飼い主はイスに座る。リードをつけた状態で犬を自由にさせる。リードは犬がふせた状態でややたるみができる長さで持つ。

2 犬が吠えたり、飛びついてきても、無視。どんなに動いてもこれ以上動けないと理解すれば、犬はそのうち落ち着いてくる。飛びつきが激しいときはリードを踏んで、飛びつけないようにする。

リラックスができると…

- カフェに行ったとき、足もとで落ち着いていられる
- どんな環境でも落ち着いていられれば、いろいろな場所へ一緒に出かけられる
- 外出先で犬自身がストレスをためずにすむ
- 飼い主も落ち着きのない犬にイライラしたり、振り回されずにすむ

トレーニングのアドバイス

★毎日の生活の中でトレーニングを

夕食時や、テレビを見ているときなど、リラックストレーニングは日常生活のさまざまなシーンで気軽にできるので、子犬のうちからさまざまなシーンでトレーニングしておこう。さらに散歩中も、ベンチで休憩するときなどにトレーニングしよう。

NG 途中で声をかける

犬が自分で考えて落ち着くことが大事なので、うるさく吠えたりしても「ダメ!」などと声をかけない。また、さわったり、目を合わせるのも×。

3 落ち着いて座ったり、フセたりしたら、ほめ言葉をかけて、ごほうびを与える。ほめ言葉はやさしく、落ち着いた声で。最初は一瞬でも落ち着いたらほめ、徐々にほめるまでの時間を長くしていく。

Step 2 マットの上でリラックスさせる

Step1をくり返したら、今度はマットの上で同様にトレーニングする。これは、マットとリラックスすることを関連づけ、そのマットがあればいつでもリラックスできるようにするため。また、カフェなどではイスの下でおとなしくしていることも必要なので、家でも同じ状況で練習しておこう。外出の際には練習で使ったマットを持っていくといい。

基本トレーニング③

アイコンタクト

EYE CONTACT

DVD PART3 A-3

Step 1 名前にいい印象を持たせる

1 フードを入れた食器を持ち、名前を呼ぶ。

2 すぐにフードを1粒あげる。この段階ではアイコンタクトできなくてOK。これをくり返し、まずは名前にいい印象を持たせ、犬に自分の名前を理解させる。そのうちだんだん名前を呼ぶと飼い主を見るようになる。

アイコンタクトができると…

- 名前を呼べばすぐに注目してくれる
- 次の指示が出しやすくなる
- 犬が何かに怖がっているときに名前を呼ぶことで飼い主のほうへ気をそらすことができる
- 指示語トレーニングがスムーズにできる
- 犬のカメラ目線の写真が撮れる

トレーニングのアドバイス

★いいことをするときに呼ぶ

ごはんや遊ぶときなど、犬にとってうれしいことをするときには名前を呼ぶようにし、爪切りなど犬が苦手なことをするときや叱るときには名前を呼ばないようにする。

Step 2 誘導でアイコンタクトをする

1 手にフードを持ち、においで興味をひきつけて、その手を自分のあごのほうへ移動させる。

2 犬は自然にフードを目で追ってくるので、目が合った瞬間に名前を呼び、ほめ言葉をかけ、フードをあげる。

★名前を連呼しない

なかなか注目しないからといって名前を連呼するのは×。なるべく1回で注目させるようにする。ほかのことに気をとられていると、犬はなかなか注目してくれないので、最初はすぐに注目してもらえるような状況で行うことが大事。

Step 3
誘惑があっても アイコンタクトをする

1 フードを握った手を真横に持っていく。

2 犬は当然フードを見てしまうが、名前を呼んで自分に注目させる。

3 犬と目が合ったらすぐにほめてフードをあげる。

Step 4 後ろ向きでもアイコンタクトをする

1 後ろ向きで、犬の名前を呼ぶ。

2 犬は回り込んで飼い主の目を見るはず。

3 犬と目が合ったらすぐにほめてフードをあげる。

指示語トレーニング①

オイデ
COME

DVD PART3 B-1

1 リードをつけて犬を自由にさせる。

2 名前を呼んで飼い主に注目にさせてから、「オイデ」という。

オイデができると…

- いつでも犬を呼び寄せられる
- ドッグランなどノーリードOKの場所でも安心して遊ばせられる
- 屋外でリードが外れてしまっても、オイデで呼び寄せられれば危険を回避できる

トレーニングのアドバイス

★「オイデ＝いいこと」と思わせる

最初は「飼い主のもとへ行けばいいことがある！」と強く思わせるだけの魅力的なごほうびを用意してトレーニングを。また、日頃から、散歩や食事など犬が好きなことをするときには「オイデ」で呼び寄せ、犬が苦手にしていることをするときは、使わないようにする。

★犬が来そうな状況で始める

何かに夢中になっているときや、刺激の多い場所で呼び戻すのは難しい。最初は静かな環境でトレーニングを。

★首輪をつかむまでが「オイデ」

呼び寄せたあとには、リードをつけたり抱き上げたりするケースが多いの

4 体のそばまで引き寄せたら、ほめ言葉をかけ、やや大きめのフードをあげる。フードをなめている間に体をなでて首輪をつかみ、首輪をつかむまでが「オイデ」だと教える。

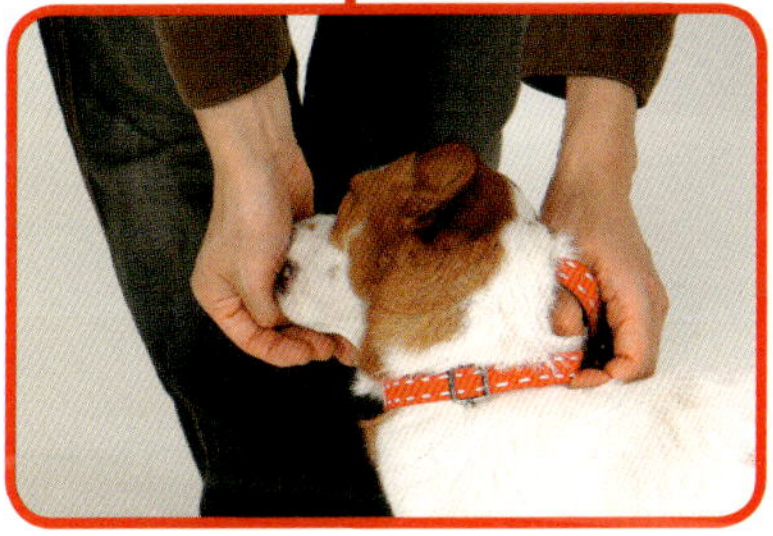

3 フードを握った手で犬を誘導して、自分のほうへ引き寄せる。このとき無理やりリードで引っぱらない。

NG

腕をのばしてごほうびをあげる

中途半端な位置でごほうびをあげると、そこまでしか来なくなり、首輪をつかむ前に逃げられてしまうかも。また、急に手を伸ばしたり、先につかまえようとすると逃げられてしまう。

呼び込んだときにおおいかぶさる

犬におおいかぶさるような姿勢をとると恐怖心を与えてしまう場合がある。とくに小型犬の場合は、要注意。

で、実生活で役立つように、あらかじめ首輪をつかむまでが「オイデ」だと教えておくといい。

指示語トレーニング② オスワリ SIT

DVD PART3 B-2

Step 1 誘導して形を教える

① フードを握った手を鼻先に近づけ、興味をひきつける。

② その手を少し上に移動すると、犬の頭が上がり、お尻は自然と下がる。

オスワリができると…

- いつでも犬の興奮をしずめることができる
- 飛びつきなどの「困った行動」を軽減できる
- 人や犬に行儀よくあいさつできる

トレーニングのアドバイス

★偶然に座った場面でもほめよう

「オスワリ」の姿勢自体は、犬が普段からよくとっている、ごく自然な姿勢。これを「オスワリ」という言葉とうまく結びつけられるかどうかがポイントになる。最初は誘導の道具としてフードを使い、徐々にごほうびとしてのフードに切り替え、最終的にはごほうびなしでもできるようにしていこう。

Step 2

言葉をつける

1 手を上げると座るようになったら、両手にフードを握り、先に「オスワリ」と言ってから、Step1 のように誘導する。

3 お尻が床に着いた瞬間にほめ言葉をかけて、フードをあげる。

NG 誘導する手の位置が高い

高すぎるとは立ち上がってしまう。犬の顔が上がれば自然とお尻は下がるので、そんなに高い位置に動かす必要はない。

2 座ったらほめ言葉をかけ、誘導した手ではないほうでフードを与える。

3 ❶と❷をくり返したら、左手にだけフードを持ち、先に「オスワリ」と言って右手を上げる。座ったら、左手からフードを与える。これをくり返せば、言葉と手のサインのどちらでも座れるようになる。

指示語トレーニング ③

フセ DOWN

DVD PART3 B-3

Step 1 誘導して形を教える

1 犬にスワレをさせ、フードを握った手を鼻先に近づけ、興味をひきつける。

2 その手を真下に移動すると、犬の頭が下がり、自然とフセの形に。

フセができると…

- ほかの人や犬に威圧感を与えることがない
- オスワリと同じように、興奮をしずめることができる
- 犬自身がリラックスできる姿勢なので、長時間待たせるときに便利
- カフェで行儀よくできる
- フセをしながら吠えることは犬にとって難しいことなので、吠える問題の軽減にもつながる

トレーニングのアドバイス

★オスワリを確実にしてから教える

オスワリとフセのトレーニングは、同じ流れなので、同時進行で行うと混乱しがち。オスワリを確実にしてからフセを教えたほうがいい。

★フセは難しいトレーニング

フセは犬にとってとっさには動きにくい体勢なので、臆病な犬は警戒してなかなかフセをしないこともある。最初はとくに落ち着ける場所でトレーニングしよう。

Step 2 言葉をつける

手を下げるとフセができるようになったら、「フセ」という言葉をつけていく。一連の手順は「オスワリ」と同じなので、83ページを参考に。

3 犬のおなかと前足の両ひじが床に着いた瞬間にほめ言葉をかけ、フードをあげる。

●うまくいかないときはトンネル法で

指示語トレーニング③でできない場合は、ひざの下をくぐらせて誘導する方法もある。はじめはひざを高く上げて、くぐれたらフードをあげる。慣れてきたらひざを低くする。くぐる途中で自然とフセの姿勢になるので、その瞬間にほめ言葉をかけてフードを与える。うまくできるようになったら、指示語トレーニング③の方法へ戻り、完璧にできるようにしよう。

指示語トレーニング ④

タッテ STAND

DVD PART3 B-4

Step 1 タッテの形を教える

1 犬を座らせ、フードで興味をひきつける。その手を鼻の高さのまま前方へ引くと、犬はつられて鼻先を前へ出し、自然と立ち上がる。

2 タッテの姿勢になった瞬間にほめ言葉をかけて、フードをあげる。

タッテができると…

- 足拭きやブラッシングなどお手入れがスムーズにできる
- 動物病院での診察や治療がスムーズになる
- 雨の日の外出など、座ると被毛を汚してしまうときに立ったまま待たせることができる
- スワレやフセに続く第三の姿勢を指示語として教えることで、ひとつひとつの指示語を確実に覚えることにつながる

トレーニングのアドバイス

★「スワレ」や「フセ」を確実に覚えてから練習する

「オスワリ」「フセ」「タッテ」の3つは犬の基本姿勢。教える手順は3つともほとんど同じなので、ひとつひとつを確実に覚えてから教えるといい。

★ほかの指示語と似ていない言葉を選ぶ

「タテ」だと、次ページの「マテ」と響きが似ているので、犬が混乱する可能性も。「タッテ」と「マテ」にするなど、まぎらわしくないようにする。

ADVICE

●指示語を組み合わせてみよう

「スワレの次はフセ」と順番で覚えていることもあるので、ランダムに組み合わせて練習し、犬がきちんと指示語を身につけているか確認してみよう。最初は下記のようにフードで誘導してもOK。徐々に言葉だけでできるようにしていこう。

スワレ→フセ　　**フセ→スワレ**

鼻先から真下へ下ろす。

鼻先から斜め後方に引き上げる。

スワレ→タッテ　　**タッテ→スワレ**

鼻先から鼻先の高さのまま前方へ引く。

鼻先から斜め後方に少し上げる。

フセ→タッテ　　**タッテ→フセ**

鼻先から斜め前方に引き上げる。

鼻先から斜め下へ。

Step 2 言葉をつける

誘導でできるようになったら、言葉をつけていく。手順はオスワリを同じなので、83ページを参考に。

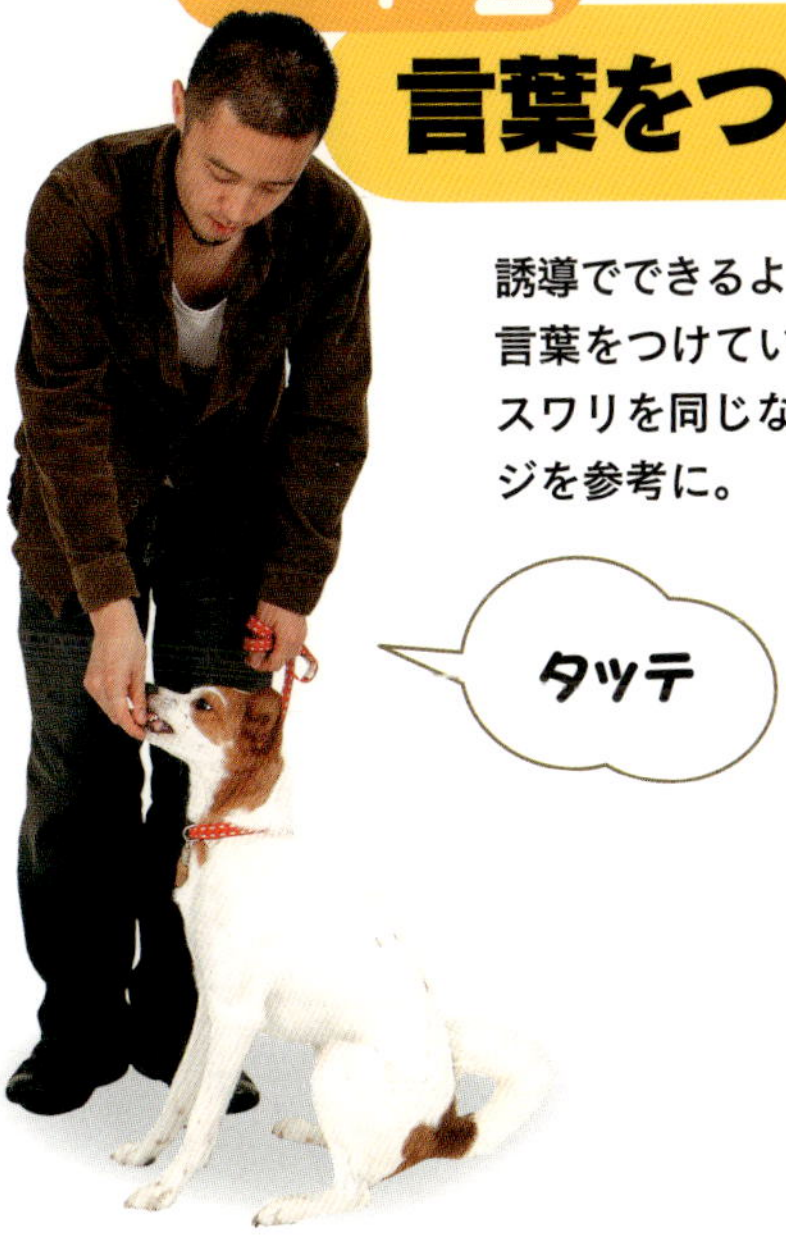

Step 3 「タッテ」を維持する

オスワリやフセと違い、タッテは犬が特別リラックスできる姿勢ではないので、立っている状態をキープする練習もする。タッテの状態になっているときに、フードをいったん隠して、すぐに戻す。これをくり返し、フードなしで立っていられる時間をのばしていく。

指示語トレーニング ⑤

マテ WAIT

DVD PART3 B-5

Step 1 目の前で待たせる

1 左手にフードをたくさん持ち、座っている犬に1粒ずつ連続して与える。まずは座っているといいことがあると思わせる。

2 犬の動きを制するように手のひらを犬に見せ、「マテ」と言う。

マテができると…

- 散歩中に誰かと立ち話をするときなどに、その場でおとなしく待てるようになる
- 飛び出しや拾い食いをしそうになったときなどに犬の行動を止められ、危険回避につながる
- 犬の写真が撮りやすくなる

トレーニングのアドバイス

★少しずつ着実にステップアップを

1秒ずつ、1歩ずつというように、ゆっくり時間をかけてステップアップしていく。

★マテを連呼しない

犬が動いたら「マテ」を連呼するのではなく、「あっ!」のひと言で注意を促がす。ただし、犬が動くということは、その犬にとって難しいレベルだということ。確実にできるレベルに戻ろう。

★解放の指示を忘れない

マテのトレーニングでは必ず指示と解放をセットで行い、「マテ=解放の合図があるまで動かない」ということをはっきり教える。

3 一瞬でも待てたら、ほめながらフードを1粒与え、すぐにまた❷のように「マテ」のサインを出す。

4 ❷と❸をくり返し、少しずつ待てる時間をのばす。適当なところで解放の指示（「OK」など）を出す。このとき犬が自然に動くように、犬の後ろに向かって歩き出すといい。

Step 2 距離をのばす

1 目の前で「マテ」の指示を出す。

2 そのまま1歩後ろへ下がる。犬が不安そうなら半歩でもOK。

3 すぐに戻り、ほめ言葉をかけ、フードをあげる。これをくり返し、少しずつ距離をのばす。最後は犬のところへ戻って解放の指示を出す。どんなに離れても、必ず戻ってくることを教えれば犬も安心できる。

PART 4

散歩のしつけ

散歩を通して犬との絆を深めよう

散歩はすべての犬に必要です。なぜなら散歩の目的は運動だけではなく、外のさまざまな刺激にふれ、社会性をはぐくむうえでとても重要なことだからです。散歩で気分転換をしたり、ストレスを発散することも大切なことですし、飼い主との楽しいコミュニケーションタイムでもあります。なかには飼い主以外の人やほかの犬と会えることを楽しみにしている犬もいるでしょう。

つまり、散歩は身体的にも精神的にも必要なもの。ですから、毎日同じコースを同じ時間だけ歩くといった単調な散歩では、散歩の目的を果たしているとはいえません。いろいろな場所を歩いたり、途中途中に遊びや運動、トレーニングの時間を設けるなどして、楽しくメリハリのある内容にしましょう。

楽しい時間を共有することで、犬と飼い主との絆はより深まっていくはずです。

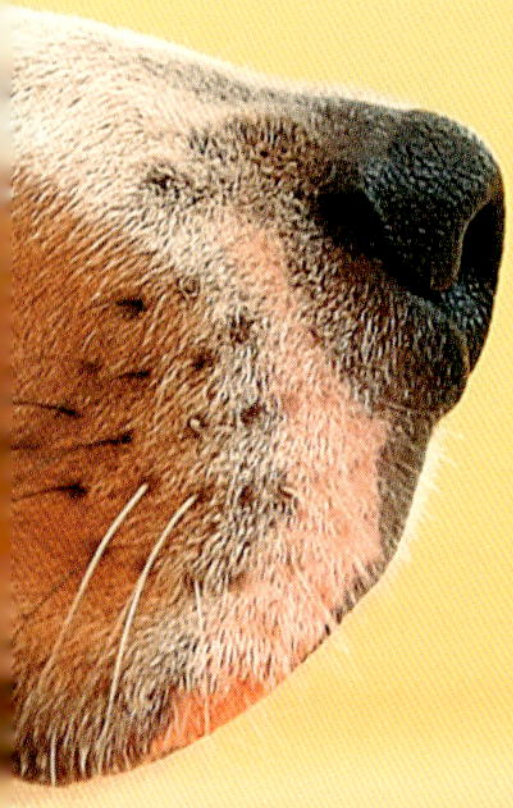

Walking is Our Date Time

散歩デビューまでのステップ

Step 1

室内から外を見せる

まずは家の窓やベランダ、玄関先で外の世界を見せよう。マンションなどの高層階に住んでいる場合は、1階のエントランスから外をのぞかせること。

Step 2

抱っこ散歩

ワクチンプログラムが終わるまでは伝染病のリスクがあるため地面には降ろすのはNG。でも、この時期は社会化（➡PART5）にもっとも適した時期なので、抱っこ散歩というかたちで、さまざまなもの、音、人などに慣らしておく。最初は家の近所を1周する程度にし、徐々に行動範囲を広げていく。

車や電車などの大きい音は、最初は遠くから聞かせて徐々に近づいていくこと。落ち着いていられたらごほうびをあげ、いい印象としてインプットさせる。

さまざまなタイプの人に、ごほうびをあげてもらい、「家族以外の人」に対して、いい印象をインプットさせよう。

段階を踏んで散歩デビューをさせよう

通常2〜3回目のワクチン接種から10日程度たてば、獣医師から散歩のゴーサインが出ます。目安としては生後100〜120日目くらいでしょう。

しかし、ゴーサインが出たからといって、何の準備もしないまま、子犬を外に連れだしてもうまくはいきません。リードをグイグイと引っぱって前へ進もうとしたり、リードにじゃれて遊んだり、逆に外の世界におびえてしまい、プルプル身を振るわせてしまうかもしれません。

多くの犬は散歩が大好きですが、最初に嫌な経験をしてしまうと、散歩が苦手なコになってしまいます。だからといって散歩なしで生活させるのは、健康面から見ても精神面から見ても健全なものではありません。

犬にとっても飼い主にとっても散歩の時間を楽しく快適なものにするためには、散歩に出るまでのステップを踏み、万全の準備を整えて散歩デビューの日を迎えましょう。

Step 3

首輪・リードに慣らす

最初は首輪を嫌がったり、リードをかんだり、じゃれて遊んでしまうコも多い。散歩デビューの前に慣らしておこう。

1 ごほうびをあげながら、後ろ側から首輪をつける。そのままごほうびをあげたり、食事、遊びなど好きなことをさせる。

2 ①と同様にリードをつける。リードにはかみつき防止剤を吹き付けておき、かみグセがつかないように予防する。

3 犬に好きなことをさせる。

4 犬が歩いているときに一瞬リードを押さえる。「行きたくても行けない」という状況に慣らしておくと、散歩のときにコントロールしやすくなる。

Step 4

一緒に歩く練習をする

一緒に並んで歩くこともあらかじめ室内で練習しておく（➡P94）。

Step 5

変わった足場に慣らす

外ではアスファルトや土、砂利道などさまざまな感触の上を歩くことになるので、どんな場所でも平気で歩けるよう、家にあるものを使って、いろいろな感触に慣らしておこう。

Step 6

ワクチンプログラム完了

ワクチンの回数はそれぞれ異なる。いずれにしても散歩デビューは獣医師のOKが出てからになる。

散歩デビュー！

初日は近所を軽く歩く程度に。室内で歩く練習をしても最初はなかなかうまくいかないので、慣れるまでは子犬のペースに合わせてあげよう。

一緒に歩く練習をしよう

1 左手で短めにリードを持ち、右手には大きめのフードを持つ。犬は左側に立たせる。

2 おやつを犬の鼻先に近づけ、歩きながら横に来るように誘導する。誘導の手が自分の足より前へ出ないように歩く。犬が真横に来た瞬間に「ツイテ」と言って、ほめ言葉をかけ、フードをなめさせながら、そのまま歩く。

3 うまく歩けるようになったら、フードを持っている手を胸のあたりに引き上げる。きちんとついてこられたらほめ言葉をかけ、フードを与える。❷と❸を繰り返し、徐々にフードを引き上げている時間をのばしていく。

NG
誘導の手が高い

誘導の手が高いと犬はうまく歩けない。小型犬の場合はかがんでフードを与えて。

5

❹の状態から徐々に隠す時間をのばしていき、最終的にはフードなしで歩けるようにしていく。

4

フードを後ろに隠してみる。うまく歩けたらほめ言葉をかけてフードをあげる。

●リードの持ち方

リードは愛犬を守る命綱。はずみでリードが手から離れないようにしっかり持とう。

○ リードはピンと張らずに、たるんだ状態をキープするのが基本。

○ リードを親指にかけて、長ければグルリとひと巻きし、残りは束ねて持つ。

× 手首にグルグル巻きにすると、引っぱられたときにコントロールできないので×。

散歩の基礎知識

Point 1 頻度

犬の欲求から考えれば、散歩は1日2回以上行い、そのうちの1回は十分に運動をさせるのが理想的。でも、大雨の日や体調の悪い日などは無理をしなくてOK。その代わり室内でたっぷり遊ばせてストレスを軽減させてあげること。

Point 2 時間

厳密に決めると、犬がその時間に要求吠えをすることもあるので、出かける時間はあくまでも飼い主の都合で決める。ただし、犬は暑さに弱いので、真夏の日中の散歩は避ける。

Point 3 コース

お決まりのコースでは飽きてしまうので変化をつけること。毎日同じコースだと犬は勝手に先に行くようになり、それが引っぱりの原因になることも。また、ほかの犬や猫に会う場所に近づくと身構えたり、吠えかかったりと、かえって犬自身が散歩しづらくなってしまう。

Point 4 運動量

ただ歩くだけでは運動欲求が満たされない犬が多いので、途中で早歩きやかけ足をしたり、公園でボール遊びをするなど、愛犬に合った運動を取り入れよう。運動量が足りているかどうかは、散歩後の犬の様子を見て判断を。帰宅しても部屋をかけ回っていたり、遊びを催促してくるようなら不十分といえる。

大事なのは犬も飼い主も散歩を楽しむこと

犬の散歩というと、飼い主の横を行儀よく歩く姿を想像するかもしれません。確かにさっそうと歩く姿はすてきですが、果たしてそれだけで犬も飼い主も楽しいでしょうか？　散歩が楽しいからこそ、犬は散歩が大好きですし、満足感が得られるのです。

　危険な場所でなければ少しくらい犬が前へ出たってかまいませんし、途中でにおいをかいだりしてもよいでしょう。大切なのは、のびのびと歩くことです。

　ただし、状況によっては飼い主の横にピタッとついて歩いてほしいときもあります。たとえば、交通量の多い道を歩くときや、人が大勢いるところを歩くときなどです。事故やトラブルを回避するためにはやはり、前ページで紹介した犬を横につけて歩くトレーニングも必要になります。

　主導権を持つのはあくまでも飼い主です。散歩が犬にとって楽しい時間になるように工夫してあげてください。

散歩に行こう！

散歩は犬にとって大好きなもののひとつ。愛犬の安全と周囲へのマナーに配慮しつつ、楽しく変化のある散歩を楽しみましょう。

2 狭い道や交通量の多い道、人の多いところでは、事故やトラブル防止のためリードを短く持って横につける。うまく歩けない場合は、フードを使って誘導しよう。また、歩く練習は室内だけでなく、外に出てからもしっかり練習しよう。

1 玄関のドアは、犬が落ち着いているタイミングで開ける。また、家を出るときは必ず飼い主が安全確認すること。

●ドアを開けた途端に飛び出そうとしたら？

飛び出そうとしたらドアを閉めて、再び落ち着くまで待つ。これをくり返すうちに犬は、「落ち着いて待たないと扉は開かない」と考えるようになる。「マテ」をマスターしているなら、指示を出してもOK。

4 安全で周囲に迷惑をかけない場所なら、リードを少々長めにして自由に歩かせてもOK。ただし、とっさのときに飼い主がコントロールできる位置に犬がいることが条件。前を歩いてもかまわないし、においをかいでもいい。ただしにおいかぎについては、そこが安全な場所か飼い主きちんと確認してから許可を出すこと。

3 信号を待つときには、「スワレ」をさせよう。

ADVICE

●リードを引っぱったら？

犬がリードを引っぱったら、腕をのばさず、その場に止まる。そのうちあきらめて戻ってくるので、ほめて、リードがゆるんでいる状態で歩きだす。

腕をのばして引っぱり返す。飼い主がリードを引くと、犬は反射的に引っぱり返そうとしてしまう。犬の首に負担をかけるだけなので絶対にしないこと。

5 ただ歩くだけでなく、飼い主と遊んだりトレーニングしたり、運動する時間も設ける。家で練習している指示語トレーニングなどは外でも練習しよう。

6 人と会うのが好きな犬なら、相手に許可をとり、コミュニケーションをとらせてあげよう。

7 散歩から帰ったら濡れタオルで足をふき、全身の汚れを落とすためブラッシングを。なお足ふきの際、大きいタオルを使うとタオルで遊んでしまうことが多いので、小さく折りたたんで使うとよい。

ADVICE

●ほかの犬と遊ばせたいときは？

まず犬の気持ちが大事。いくら飼い主が遊ばせたくても犬にその気がないならやめること。また相手の犬をよく見ることも大事。不用意に近づいて、あるいは近づいてこられてケンカになったり、怖い思いをさせたりしないように細心の注意を。遊ばせたいときは、いきなり犬を近づけずに、まず相手の飼い主にきちんとあいさつすること。

散歩の困った！予防＆解決法

ケース1 ほかの犬に吠える

吠える理由はさまざま

散歩中に出会うほかの犬に吠えてしまう犬は多いものです。その理由は、①遊びたくて吠える、②怖くて吠える、③攻撃的な気持ちから吠える、などさまざまです。

いずれも吠えグセがついてしまうと直すのに時間がかかり、また飼い主も散歩の間中気が抜けなくなります。吠えずにほかの犬とすれ違えるよう予防しておくと安心です。

方法1

吠えずに飼い主を見たときだけ遊ばせる（遊びたくて吠える場合）

最初から、ほかの犬と遊ぶときのルールを教えてあげることが大事。愛犬がほかの犬と遊びたがって吠えたときには、遊ばせずにその場を離れよう。これは犬にとっては、ごほうびがもらえない状態。逆にほかの犬を見ても吠えずに飼い主を見たら、ごほうびとして遊ばせてあげるようにする。もちろん相手の飼い主に許可をとることを忘れずに。

方法2

犬を見るといいことがあると思わせる(恐くて吠える場合)

1 愛犬がほかの犬を見たらすぐにおやつをあげる。散歩のたびにこれをくり返す。

2 そのうちに犬は、「ほかの犬を見るといいことがある」と関連付けるようになり、ほかの犬を見つけたらすぐに飼い主を見るようになる。

3 ②の状態になったら、①よりほかの犬に少しだけ近い場所でおやつをあげる。このとき、犬と犬の間を飼い主が歩くようにし、犬同士の直接的な接触は避ける。

4 少しずつ距離を縮めていき、最終的にはすれ違ったあとに吠えなかったらごほうびをあげる。その後は徐々におやつを減らしていく。

ADVICE

●ほかの犬と仲良くできなくてもOK!

現代の犬は人間の世話や管理なしでは生きられない動物なので、人が苦手だと少々問題がある。たとえば獣医師の治療の際に暴れたり、来客のたびにパニックになったり…。

しかし、犬との直接的な接触は飼い主の配慮である程度避けられるもの。ほかの犬と遊べなくても、飼い主との関係がよければそれでOK。ほかの犬を無視できるレベルならそれで十分。

方法1

近寄らない

いつもにおいかいでいる場所やマーキングしている場所、食べ物が落ちていそうな場所には近寄らないのが一番。また、安全を確認する必要はあるが、道路のはじではなく、できるだけ真ん中を歩く、あるいはその場をさっさと通りすぎるという方法も。

NG 犬の行動に合わせる

犬がにおいをかぎだすと、つい歩調をゆるめたり、立ち止まる飼い主は多いもの。なかには犬の進むままにずるずるとついていってしまうケースも。犬にしてみれば、あたかもそれは「においをかいでいいよ」という合図に見える。犬がにおいをかぎ始めても、飼い主は何事もないように歩き続けたほうがよい。

ケース2

においをかぐ、拾い食いをするマーキングする

飼い主の配慮が最大の予防策

散歩中あちこちでにおいをかいだりマーキング（電柱などにオシッコをひっかける行為）するのでなかなか進まない、あるいは拾い食いをして困るというのもよく聞く悩みです。

でも、においをかぐこともマーキングも、目の前のものを食べてしまうことも犬の本能。興味があるにおいであればにおいをかぎ、ほかの犬のにおいがあればそこにマーキングをし、そこに食べ物があれば拾い食いしてしまうのも当然です。

ですから、なるべく〝におい〟や〝落ちている食べ物〟に気を取られないように飼い主が工夫することが大事になります。

また、一緒に歩くトレーニングやアイコンタクト、指示語のトレーニングを強化することも予防の助けなります。

方法2

散歩中に食事を与える

朝食や夕食の分のフードを持っていき、散歩中に少しずつ食べさせる。そうすると犬はいつフードが出てくるかわからないので、つねに飼い主のほうを注目することになり、においをかいだりする間もなく散歩が終わってしまう。またこれをくり返すと、「散歩中は飼い主を見ているほうがいい」と学習するので、最終的にはフードがなくても飼い主によく注目する犬になる。

ADVICE

●においかぎOKの場所も与えて

においかぎは犬にとって自然な欲求なので、安全かつ迷惑をかけない場所を選び、十分にさせてあげて。

●マーキングには去勢手術も効果あり

マーキングは犬の縄張り行動のひとつで、おもにオスに見られる行為。したがって去勢手術で男性ホルモンの影響が減ると改善されることも多い。マーキングの防止や抑止には、早めに手術をするのが効果的。ただし完全になくなるとは限らないので、【方法1】や【方法2】も並行して行うこと。

DVD PART4 B-1~3

引っぱりグセには補助グッズを活用

においかぎや拾い食い、マーキングをしたいために強く引っぱるという場合もあれば、とにかく前へ行きたくて引っぱる場合など、犬が引っぱる理由もさまざまです。いずれにしても予防の基本は、「ツイテ」のトレーニングをしたり、98ページのアドバイスのように「引っぱられたらその場に止まる」ということを徹底していれば、強く引っぱる犬にはならないはず。

でも、すでに引っぱりグセがついている場合や力の強い大型犬の場合は、事故やケガにつながる恐れもあるので、引っぱり防止のグッズを活用することをおすすめします。ただしこれらはあくまでも補助グッズなので、問題を解決するにはトレーニングも並行して行ってください。

●イージーウォークハーネス

犬の胸の部分にリードをつけるタイプ。犬は前かがみになりにくいので、引っぱり防止につながる。

●ジェントルリーダー

頭につけて頭部をコントロールする道具で、力の弱い女性や子どもでも簡単に扱える。ただし、装着方法を間違えると効果がないので、付属の説明ビデオをしっかり見ること。

●H型ハーネスで代用する

H型ハーネスの胸のリング部分にリードをかけると、イージーウォークハーネスと同じ原理になり、引っぱり防止になる。首輪と直結させるとより効果的。

散歩＆お出かけのマナー

**散歩やお出かけのために必要なのは、犬へのしつけだけではありません。

飼い主自身のマナーが問われる場面でもあります。外出先でのマナーをおさえておきましょう。**

お出かけの必須マナーとポイント

●必ず予防接種を受けておく

外出をするしないに限らず、予防接種を受けさせることは最低限のマナー。予防接種を受けておけば、愛犬を安心して遊ばせることができる。

●ヒート中はほかの犬が集まる場所に行かない

ヒート（発情）中の外出は、そのにおいだけでもほかのオス犬をむやみに興奮させてしまうので、カフェやドッグランなどの施設の利用は避ける。その場に犬がいなくてもにおいが残ってしまうのでNG。散歩はOKだが、なるべくほかの犬に会わないコースや時間を選ぶ。

●基本的なしつけやトレーニングを

周囲に迷惑をかけずに、かつ愛犬がストレスを感じることなく外出を楽しむには、最低限のしつけやトレーニングが必要。具体的にはトイレのマナー。そのほか、吠える・かむ・飛びつくなどの困った行動を起こさないようにしつけをしておこう。また、スワレやマテなどの指示語もある程度マスターしておく。

散歩の時間を利用して、外でもトレーニングしておこう。

●どんな場面でも愛犬から目を離さない

いくらしつけができていても、外出先では何が起こるかわからない。愛犬が予期せぬ行動をとることもあるので、犬から絶対に目を離さないこと。

●排泄はなるべく家ですませる

地域にもよるが、屋外での排泄は公衆衛生的にも望ましくない。なるべく家で排泄してから出かける習慣をつけたい。

ほかの犬とすれ違うときなどはとくに、犬が勝手な行動をとらないよう飼い主がしっかり行動を管理すること。

道路＆公園 Road and Park

道路・公園でのマナー

- ノーリードにしない
- 排泄物はきちんと処理する
- 人に飛びつかせない
- いきなりほかの犬や人に近づけない
- 人ごみでは犬の自由行動範囲を制限する
- 毛が飛び散るので、外ではブラッシングしない
- 水飲み容器を持参し、公園の水道に直接口をつけさせない

飛びつきは相手にケガをさせたり、服を汚してしまうなどトラブルの元。飛びつく可能性があるなら、あらかじめリードを踏んで、飛びつけない状態であいさつさせよう。

排泄物の処理は飼い主の責任。アスファルトの上などにしたオシッコも水で洗い流すようにしよう。

ノーリードと排泄物の放置は厳禁！

普段、散歩で通る道や公園は、たくさんの人や犬、車などが通るだけに、配慮を欠くとトラブルに発展してしまうことも。無用なトラブルを起こさないためにも、マナーはしっかり守りましょう。

最近とくに問題になっているのは、リードを着用していない（ノーリード）の問題と、排泄物の放置です。

日本の法律では、許可された場所以外はリード着用が義務付けられています。「うちのコはおとなしいから大丈夫」という過信は禁物です。いくらおとなしい犬でも、何かのはずみで思わぬ行動に出ることもありますし、犬嫌いの人にとってはノーリードの犬がいるというだけで恐怖を感じてしまう場合もあります。周囲に迷惑をかけないためにも、また愛犬を危険から守るという意味でもリードは絶対に離さないようにしましょう。

また、排泄物をきちんと処理するのは、飼い主として当然のマナー。他人の家の前は避けるなど、排泄場所にも十分配慮してください。

カフェ Cafe

カフェでのマナー

- 出かける前にブラッシングをして抜け毛が散らばらないようにする
- ドアから急に飛びださないように、いったん犬を待たせ、落ち着かせてから出入りする
- リードをつけたまま足元でおとなしくさせる
- ひざに犬を乗せたいときはお店に確認を
- テーブルの上の犬の食べ物をあげない
- なるべく入店前に排泄をさせておく。万が一店内でしてしまった場合はすぐに片づけ、スタッフに報告する
- ほかの犬や人に急に近づけない
- そのカフェの利用規定を守る

カフェでは足元でフセをするのが定番スタイル。もちろんじゃまにならなければフセの姿勢じゃなくてもOK。また、犬が飛びついたり、ほかの人や犬に近づいたりしないように、リードを踏むなどして管理するといい。また、こんでいるときは下の写真のようにイスの下でフセをさせよう。

抜け毛の多い時期はブラッシングのほか、洋服を着せたり、マットを敷くなどして、抜け毛の飛び散り予防をしよう。

基本的にカフェは犬同士が遊ぶ場ではない

最近は散歩やお出かけの際に気軽に立ち寄れるカフェが増え、愛犬家にとってはうれしい限りです。でも、気軽に利用できるようになった反面、マナーの悪い客も目立ちます。せっかく犬連れOKにしたカフェが、再び入店不可にしたというケースもたびたび聞かれ、とても残念です。

本来、カフェは犬同士が遊ぶ場ではありません。なかには犬同士の社交を目的としたカフェもありますが、それはごく少数。多くのカフェは、あくまでも人がお茶を飲んだり会話を楽しむ場です。犬用のメニューなどを置いていても、お客さんのなかには犬好きばかりではないことも忘れないようにしましょう。

また、カフェで愛犬をおとなしくすごさせたいなら、散歩や運動をしてから行きましょう。疲れていればカフェでおとなしくすごしてくれるはずです。もし犬が落ち着かないようなら、その日は早めに店を出ましょう。

ドッグラン Dog run

ドッグランでのマナー

- 攻撃的な犬は利用を避ける
- ゲート付近での接触事故を避けるため、いったん犬を待たせてから入場する
- 出入りの際は、ほかの犬が飛び出さないように注意する
- 愛犬から目を離さない
- 興奮しすぎて吠え始めたら退場する
- 排泄した場合はすぐに片づける
- おもちゃや食べ物の利用はスタッフに確認する
- 各施設の利用規定を守る

入場してもしばらくはリードをつけたまま様子を見よう。ほかの犬も自分の犬も大丈夫そうだったら、リードを外して遊ばせる。

帰るときにだけ「オイデ」を使うと、「オイデ」に嫌な印象を与えてしまう場合も。遊んでいる最中もときどき「オイデ」で呼び寄せ、ほめるようにすれば、嫌な印象はつかない。

安全に利用するためには細心の注意を

犬同士がノーリードで走り回って遊べるのが、ドッグランです。広い敷地を自由に走り回れる機会は少ないですから、犬にとって楽しい場所のひとつでしょう。

しかし、ドッグランを利用するすべての犬がきちんとしつけをされているとは限りません。しつけされていたとしても初対面の犬同士ですから、何かのはずみでけんかが始まることも十分考えられます。

ドッグランでは愛犬から目を離さないようにすると同時に、ほかの犬の動きにも十分気を配りましょう。そして少しでも犬が怖がるようなそぶりを見せたり、乱暴な犬がいるようだったら退場するようにしましょう。嫌がる愛犬を無理に遊ばせることは禁物です。

なるべくなら、混んでいる休日より空いている平日に利用するのがおすすめです。より安全に利用するなら、仲のいい犬同士でドッグランを貸切にするのが一番よいでしょう。

PART 5

いろいろなモノ・コトに慣らそう

「いい経験」を積み重ねていこう

犬が人間社会で幸せに暮らしていくためには、さまざまなタイプの人や物、環境などに慣らし、社会性のある犬に育てること(社会化)がとても重要です。

社会化されていない犬は、さまざまなものに対して過度に反応しがちで、場合によっては恐怖心ゆえに攻撃的になるケースもあります。

一方、社会性が身についていれば、多少環境が変わっても落ち着いていられるので、外出の幅も広がり、より楽しい生活が送れるでしょう。

物事に慣らしていく際には、ひとつひとつを「いい経験」として積み重ねることが大切。「嫌なもの」として意識させないよう、怖がる犬を無理やり近づけたりするのはやめましょう。

社会化は順応性の高い生後16週齢くらいまでがもっとも適していますが、基本的には生涯続けていくもの。成長するにつれ新しい物事を受け入れにくくはなりますが、時間をかけて慣らしていってください。

Good

Experi

レッスン 1

家族以外の人に慣らす

家族とコミュニケーションがとれるようになったら、ほかの人とも仲よくなれるようにしていきましょう。友人を家に招いたり、近所にあいさつまわりをして、いろいろなタイプの人に慣らしましょう。

方法 1 一般的なコの場合

ほかの人にフードをあげてもらう。このとき人が寄っていかずに、犬がやってくるように仕向ける。犬が気にしないようなら、背中などをやさしくなでてもらう。

方法 2 臆病なコの場合

1 目を合わせないようにして、斜め横から少しずつ近づいてもらう。

2 目を合わせないまま手の甲をそっと差し出し、犬が自分からにおいをかぎだすのを待つ。

3 おびえていないようだったら、背中などをゆっくりなでてもらう。

ほかの犬に慣らすことについて

社会化をすすめるにあたって、ほかの犬に慣らすことについては、注意が必要です。人間の場合は、子犬に対してどう接すればいいかを相手に教えられますが、犬の場合そうはいきません。相手の犬が思わぬ行動をとったために、慣らすどころか犬嫌いにさせてしまうケースもよくあります。

また、飼い主より先にほかの犬と遊ぶ楽しさを覚えてしまうと、飼い主との結びつきの妨げになることがあります。

ですから社会化のためにと、わざわざほかの犬と遊ぶことを重視する必要はありません。抱っこ散歩のときに、横を通りすぎる犬を見たり、公園で遊んでいる犬をベンチに座って見る程度で十分です。

もし、積極的にほかの犬と仲よくなることを望むなら、同じくらいの月齢のコが集まるパピー・クラス（子犬のしつけ教室）に参加することをおすすめします。パピー・クラスなら、しつけインストラクターが安全を確保しながら行いますし、万が一けんかなどのトラブルが起こっても適切に対処してくれます。

社会化の時期は通り過ぎる犬を見るだけ十分。散歩デビュー後、ほかの犬と遊ばせるかどうかは犬の様子を見て慎重に判断して。

●パピー・クラス

子犬を対象としたしつけ教室（パピー・クラス）を行っているところも増えているので、こういうところで基本的なトレーニングや社会化のレッスンをするのもおすすめ。安全な環境で子犬同士が遊べる時間でもある。

成犬（真ん中の犬）に慣らすトレーニング。

お手入れに使うブラシに慣らしているところ。

レッスン ❷

家の中のものに慣らす

家の中は犬からしてみれば得体の知れないものでいっぱいです。なかでも大きな音の出る掃除機やドライヤーには恐怖を感じる犬も多いものです。少しずつ近づけて慣らしていきましょう。

掃除機の場合

1

食事中や遊んでいるときなど、犬が楽しいことをしているときに掃除機を近くに置く。

2

スイッチを切った状態で掃除機をかけるまねをする。犬が落ち着いていられたらごほうびをあげる。

3

掃除機を気にしないようなら、犬が食事をしているときや遊びに夢中になっているときに遠くで音を出して、徐々に近づけていく。

ドライヤーの場合

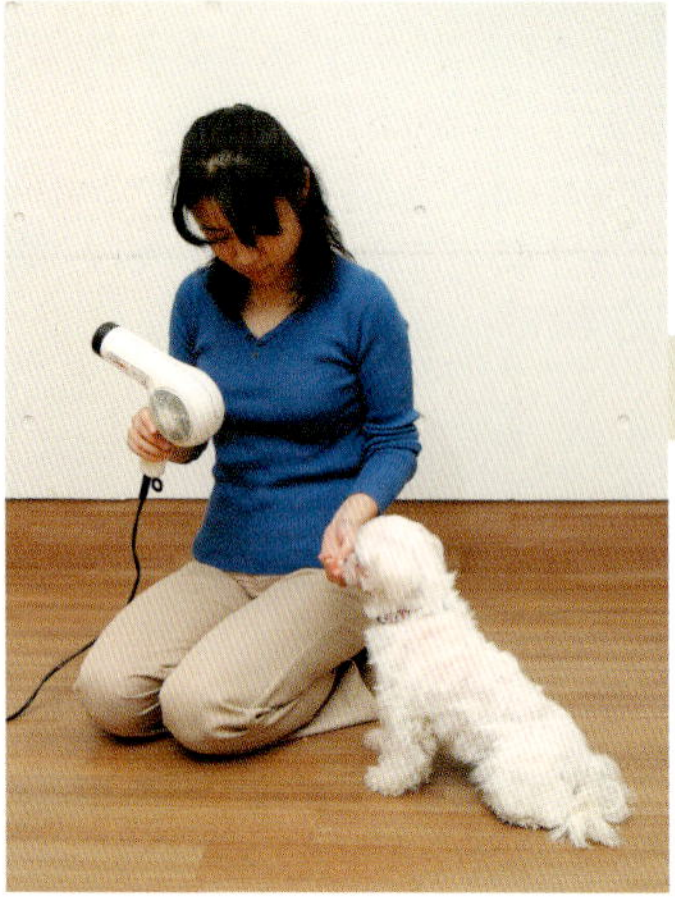

ごほうびをあげて、いい思いをさせながらドライヤーに慣らしていく。ドライヤーの風を嫌がる場合もあるので、最初はスイッチを入れても風を直接あてないで、慣れてきたら徐々にあてるようにする。

レッスン ③

チャイムに慣らす

小さいころは吠えませんが、生後5か月くらいになるとチャイムに吠え始めることがよくあります。これは「チャイムが鳴ったらお客さんが来る！」と覚えたため。うれしい場合と警戒している場合がありますが、予防法は同じ。「チャイムが鳴ったときに吠えないといいことがある！」とインプットします。

方法 1

何も音がしていないのにインターホンに出て、吠えなければごほうびをあげる。

方法 2

だれかにインターホンを押してもらい、家族は反応しない。犬が吠えなければごほうびをあげる。

方法 3

家族もインターホンを鳴らして家に入る。そうすれば「インターホンの音＝来客」ではなくなる。

方法 4

インターホンを鳴らしてお客さんが来たときに、吠えなかったらごほうびをあげる。

レッスン ④

車に慣らす

最初に乗ったときに車酔いをしたり、ゆれて怖い思いをすると車嫌いになりやすいようです。また、動物病院に行くときなど嫌な思いをするときだけ車を使うのもNG。最初にいい印象を持たせ、少しずつステップを踏んで慣らしていきましょう。

1 車のタイヤのにおいをかがせる。

2 エンジンをかけない状態で車の中で遊んだり、フードをあげたり楽しいことをする。

3 エンジンをかけてみる。平気なようなら、そのまま運転して近くの公園などに行って遊んでくる。「車に乗ると楽しいことがある！」と思わせよう。

NG 車の中で犬をフリーにする

しつけができていておとなしい犬でも車内でフリーにするのは危険。事故の原因になるので絶対にやめること。あらかじめハウストレーニングをしておき、車での移動もハウスを利用しよう。

レッスン 5

動物病院に慣らす

注射をされたり、拘束されて体をチェックされたり、動物病院は、犬にとっては嫌な場所になりがちです。でもお世話にならざるを得ないのが動物病院です。愛犬の健康守るためにも、子犬のころからいい印象を与えて、動物病院を好きになってもらいましょう。

方法 1

散歩の際に動物病院に立ちより、玄関先や待合室でフードを与える。可能であれば受付の人にもお願いするとよい。

方法 2

健康診断などで病院に行った際に、獣医師や看護師にフードをあげてもらう。

レッスン ❻

体の手入れに慣らす

体の手入れをスムーズに行うには、まず体をさわられても平気なようにしておかなくてはなりません（→P72）。それをクリアしたらお手入れの道具に慣らし、さらに時間をかけてお手入れに慣らしていきます。

ブラッシングの場合

1 ブラシを見せる。

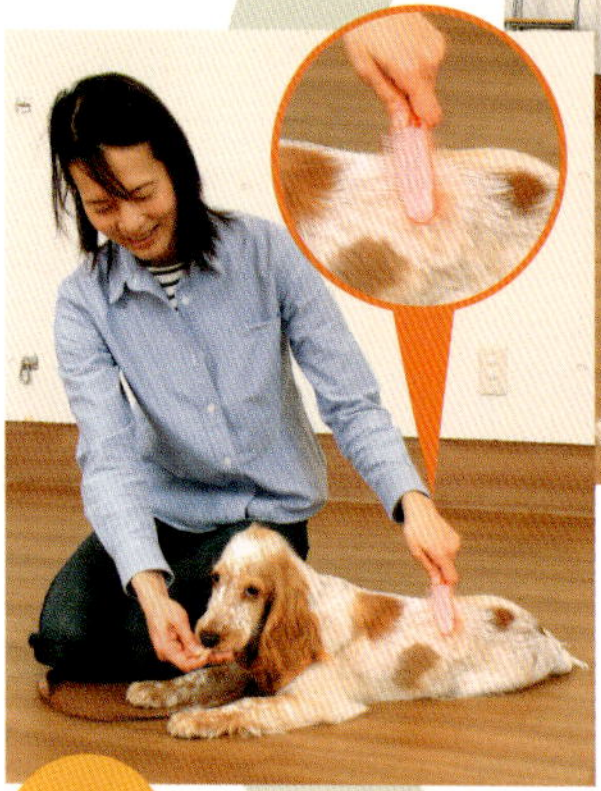

2 ブラシを怖がらないようなら、ごほうびをあげながら、ブラシの背を体にあてる。

3 平気なようならコームの向きを逆にして、やさしく毛をとかす。

4 慣れてきたらごほうびを隠し、ごほうびをあげない時間をつくる。最初は一瞬でOK。これをくり返し、徐々にごほうびを隠している時間を長くしていく。慣れるまでは体の一部分だけブラシをかけ、短時間で終わらせる。

爪切りの場合

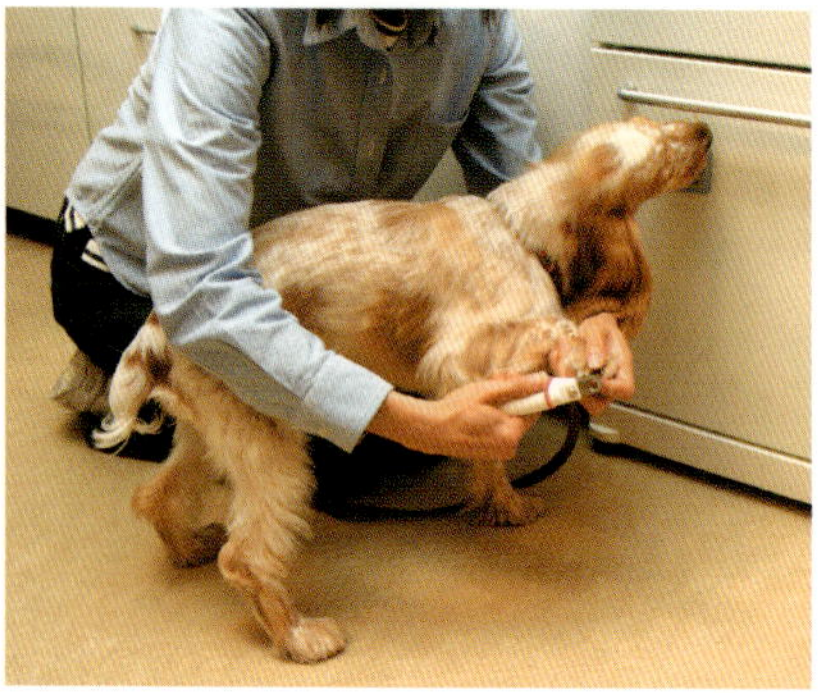

飼い主が1人で行う場合は、冷蔵庫の扉などにマグネットをはり、その上にチーズやマーガリンを塗って、なめさせながら行うといい。

爪切りは、ごほうびをあげる人と爪を切る人に分かれてするのがおすすめ。最初は爪切りを見せるところから始め、平気そうなら爪切りを足先にあて、さらに1本カットしてみる。慣れないうちは1日1本から始めよう。

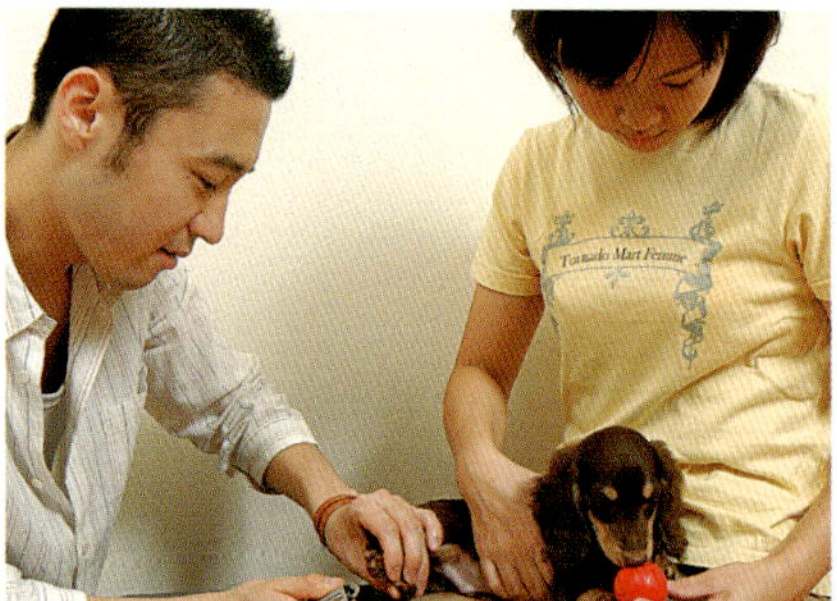

レッスン 7

洋服に慣らす

洋服は犬にとって必ずしも必要なものではありませんが、寒さ対策、抜け毛の飛び散り防止、雨の日の汚れ防止など実用的な面もあります。とはいえ基本的には犬にとって違和感のあるものです。無理やり着せるのは×。フードを使って少しずつ慣らしていきましょう。

1 まず洋服を見せる。

2 洋服の首の間からフードを見せて興味をひきつけ、犬が自分から鼻を入れてくるように仕向ける。

3 フードを食べさせながら、服を着せる。このとき服を頭に通してから食べさせるのがポイント。

4 フードを食べさせながら、最後まで着せる。足を折り曲げて袖を通す。足を横にひっぱったり、無理な体勢にならないように注意。

しつけ教室ってどんなところ？

犬のためのしつけ教室が注目を集めています。でも実際にどんなことをするのかわからないという人も多いのでは？　そこで、本書の制作に協力してくれたしつけ教室「ケーナイン・アンリミテッド」のレッスンにおじゃましてみました。

まずは社会化を目的とした パピー・コース

ケーナイン・アンリミテッドでは、犬の年齢やトレーニング習得度のレベルに応じてさまざまなコースがあるが、このパピー・コースは、生後２か月半～４か月くらいまで（受講開始時）の子犬を対象とした教室で、いわゆるパピー・クラスと呼ばれるもの。社会化トレーニングに重点を置き、遊び感覚でさまざまなモノ・コトに慣らしていく。子犬同士の遊びタイムもあり、「ほかの犬に慣らす場」としても最適。

※パピー・クラスに参加できる時期は、しつけ教室によって異なる。ケーナイン・アンリミテッドでは、ウイルス感染についての配慮を十分に行っているため、ワクチンプログラム完了前から参加できるが、ワクチンプログラム完了後でないと参加できないところも多いので、事前に確認すること。

パピー・コースでは、追いかけっこをしたり、じゃれあったり、子犬同士が遊ぶ時間も設けられる。

遊んでいる途中に、おやつを使って自分の元へ来させ、きちんと近くまで来たら、ほめてごほうび。こうして、まず飼い主のもとへ来ることがいいことだと印象づける。

スロープを使って、すべり止めの感触や傾斜に慣らす。遊び感覚で、さまざまな体験をすることで、無理なく社会化できるのだ。

大きな犬に慣らすためのトレーニングのひとつ。インストラクターがいればこんな大胆なトレーニングも可能だが、素人だけだと思わぬ事故につながることもあるので真似はできない。

何やらあやしい光景だが、これも、傘に慣らすという立派なトレーニング。

いよいよ基本的なトレーニングを開始

ビギナー・コース1

生後５か月程度以上の犬が対象で、よりよい家族の一員となるためのコース。人と犬の双方が快適に暮らしていけるように、スワレやマテなどの指示語や、リードを着けて歩くといったトレーニングを行う。しつけ教室はあくまでも飼い主がしつけ方を学ぶ場。インストラクターが細かくアドバイスしてくれるので、無理なく確実にマスターできる。

マテやアイコンタクトもだいぶできるように。この日はビギナー・コース１の最後のレッスンだったので、みんななかなか優秀です。

おやつで誘導して障害物をターン。うまくできるかな？

しつけ教室とは、飼い主にしつけ方を教える教室。プロのアドバイスがあれば、愛犬との接し方もぐんと上手になるはず。

■ケーナイン・アンリミテッド

本書監修の水越美奈先生と優秀なインストラクターのもと、犬にとっても飼い主にとっても楽しく、無理のないトレーニングプログラムを提供。紹介した「パピー・コース」、「ビギナー・コース１」のほか、よりよい社会の一員となるための「ビギナー・コース２」、その上のクラスの「ステップアップ・コース」がある。また、問題行動に悩む人などには、個別コンサルティングやプライベートレッスンも行っている。

DATA
東京都目黒区碑文谷2-21-8
TEL 03-5768-9915　FAX 03-5768-9918
URL http://www.canine.jp/

一面ガラス張りのおしゃれな入り口は、従来のしつけ教室のイメージとは異なる趣。

●監修者紹介

水越　美奈［みずこし　みな］

P.E.T.S.行動コンサルテーションズ主宰。ケーナイン・アンリミテッド顧問獣医師。
日本獣医畜産大学獣医学科卒業。動物病院勤務を経て渡米し、行動治療学や動物福祉、しつけ、聴導犬訓練等を学ぶ。帰国後、行動治療を専門とする「P.E.T.S.行動コンサルテーションズ」を主宰し、往診を基本としたカウンセリングやセミナーを中心に活動中。(財)日本盲導犬協会嘱託獣医師、ヒトと動物の関係学会評議員、動物心理学会会員、AVSAB（アメリカ獣医行動学会）会員、日本愛玩動物協会講師、(社)日本動物病院福祉協会認定家庭犬インストラクター、優良家庭犬普及協会常任理事。

●インストラクター紹介

矢崎　潤［やざき　じゅん］

J's dog products主宰。ケーナイン・アンリミテッド家庭犬しつけインストラクター。
犬の行動学に基づく科学的なトレーニングスタイルは、人道的かつ効果的と多くの信頼を得ている。しつけ指導のほか、書籍執筆、新聞雑誌取材、テレビ出演等、精力的に活動中。(社)日本動物病院福祉協会認定家庭犬しつけインストラクター、 同協会しつけインストラクター養成講座委員会委員、(社)日本愛玩動物協会講師、東京都動物愛護推進員。

渡辺　亜希子［わたなべ　あきこ］

ケーナイン・アンリミテッド家庭犬しつけインストラクター。動物病院にて動物看護師として勤務した後、国際ペットワールド専門学校しつけインストラクター科に入学。卒業後、獣医学書出版社に勤務する傍ら、優良家庭犬普及協会等のしつけ教室にてインストラクターとしての実務経験を積む。現在、家庭犬しつけインストラクターとして活躍。愛玩動物飼養管理士1級。

●撮影協力――ケーナイン・アンリミテッド（119ページ参照）
●DVD撮影・編集――nanimo
●スチール撮影――山出高士　宮嶋栄一
●デザイン・DTP――志岐デザイン事務所（下野 剛）
●イラスト――野田節美
●執筆協力――三浦真紀
●編集・DVD制作協力――帆風社

★Special thanks

岩瀬満妃子、タバサ　片桐静枝、ミルキー　久米由美子、コロ　鯉渕麻千子、ぷるぷる　斎藤千鶴、C.C.　齋藤泰史、馬原亜紀、ティアラ　ジェイミー・レオン、デイジー　中川安芸子、イチロー、NAOMI、大輔、まゆみ　中村亜紀子、シェール、モモ　中村淳子、ハム　平尾静子、幸恵、てつ　宮澤佳代子、まろん　矢崎ナバホ、ホピ　渡辺サイコ

DVDでわかる！ 犬《いぬ》のしつけ＆トレーニング

●監修者――水越 美奈［みずこし みな］
●発行者――若松 範彦
●発行所――株式会社 西東社《せいとうしゃ》
〒113-0034　東京都文京区湯島2-3-13
TEL.（03）5800-3120　FAX.（03）5800-3128
http://www.seitosha.co.jp/

ISBN4-7916-1362-7